魔方少年

写给你的魔方课程

码粒教育研究院 著

华东师范大学出版社
·上海·

本书人物介绍

方方

三年级小学生，从小和爷爷一起长大，在爷爷的影响下酷爱玩魔方，走到哪里都会带着一个魔方。他是个聪明、勇敢、热心，又爱冒险的男孩。

爷爷

一个痴迷魔方的老人，收集了许多种类的魔方。他没有告诉任何人，自己年轻时曾是魔方世界的降魔者。那时的爷爷英勇、侠气，现在的爷爷慈爱又善良。

天神

莫里克大陆的守护神，温和、仁慈，有智慧。

魔王

破坏莫里克大陆的怪兽，邪恶、暗黑是他的特质。

小灰

方方的宠物猫。这是一只古灵精怪的酷猫。

跳跳

莫里克大陆的打洞高手，天神的得力助手，是只聪明、热情的松鼠。

码粒

莫里克大陆的打洞高手，天神的得力助手，是只聪明、热情的鼹鼠。

层先法教程

目　　标　中心块是黄色，棱块是白色

还原步骤

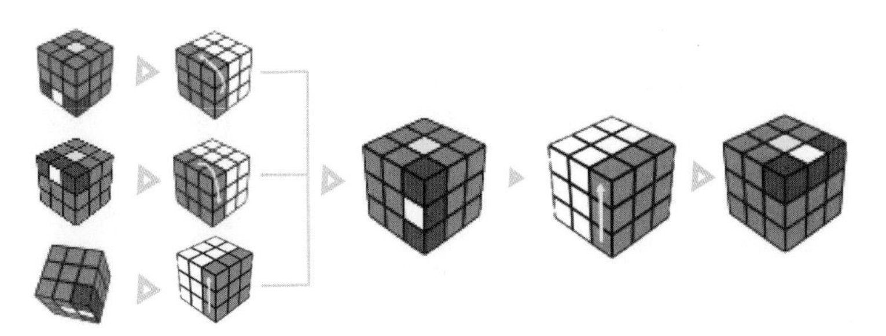

2 底棱修复

目　　标　中心块和棱块都是白色，且棱块侧边颜色和侧边中心块颜色相同

还原步骤

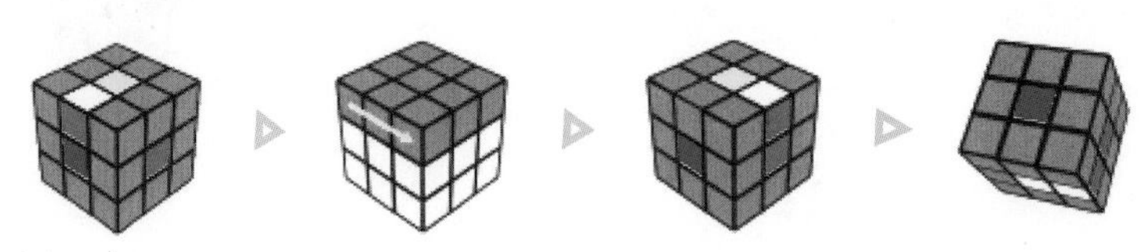

3 底角复原

目　　标　还原底层的白色角块，且底层侧边颜色和侧边中心块颜色相同

准备动作　定位（保持黄色中心块朝上）

在魔方顶层找到白色角块，观察角块上的其他两个颜色

找到这两个颜色的中心块

还原步骤　首先判断想要还原的角块属于哪种情形，再按步骤还原

情形1　角块在顶层，白色块在右层

情形2　角块在顶层，白色块在左层

情形3　角块在底层，白色块在右层

（同情形1）

情形4 角块在底层，白色块在左层

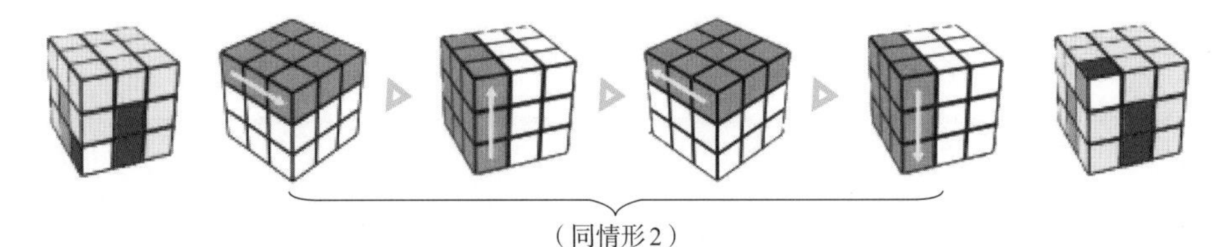

（同情形2）

情形5 角块在顶层，白色块在顶面

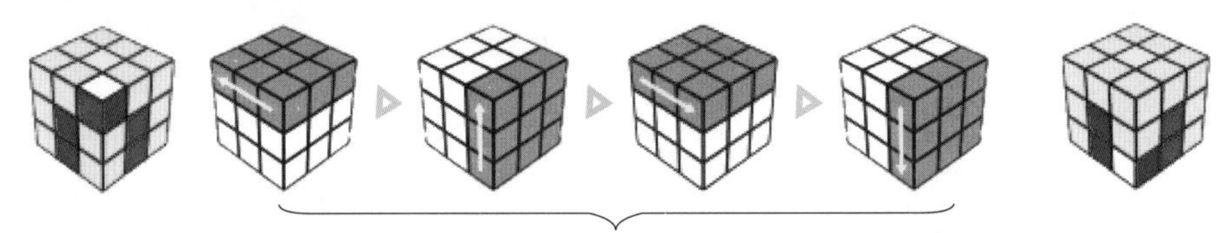

（同情形3）

情形6 角块在底层且白色朝下，位置错误

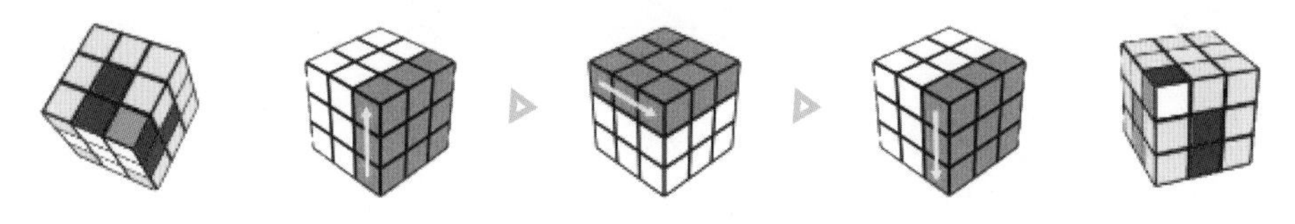

4 中棱复原

目　标　中层棱块复原

准备动作　中层棱块定位

在魔方顶层找到一个不带黄色的棱块，再找到与这个棱块侧边相同的中心块

转动顶层
把找到的两个块拼在一起

定位成功后
会出现一个倒着的“T”字型

还原步骤　首先判断想要还原的角块属于哪种情形，再按步骤还原

右侧情形　目标棱块朝顶面的颜色与右侧中心相同

左侧情形　目标棱块朝顶面的颜色与左侧中心相同

特殊情形　顶面无目标棱块，且第二层未复原

按右侧情形操作

5 顶色翻棱

目　　标　顶面棱块和中心块均为黄色

准备动作　不同的情形按照如图位置摆放

还原步骤　摆放好魔方后，按照步骤还原，直到做出顶面的黄色十字。不同的情形还原方法相同

顶面情形状态变化

还原操作

还原操作

还原操作

顶角矫正

目　　标　顶面全部为黄色，无需还原侧面

准备动作　判断魔方为左小鱼还是右小鱼

左小鱼

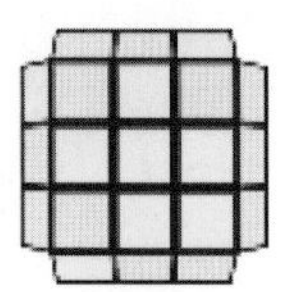

右小鱼

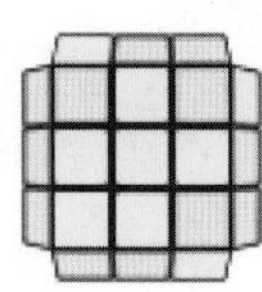

还原步骤　先判断顶面情形属于哪种小鱼，再按步骤还原

右小鱼公式　上左下左上左左下

左小鱼公式　上右下右上右右下

非小鱼情况　先如图摆放魔方，再用右小鱼公式变成小鱼

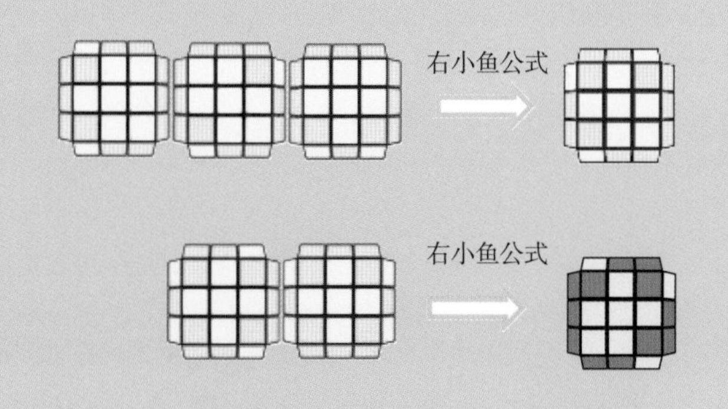

顶角归位

目　　标　顶层角块归位

还原步骤　把黄色面对自己，观察顶层侧边颜色是否相同，然后按图片位置摆放

颜色不同

还原操作

颜色相同

还原操作

8 顶棱归位

目　　标　顶层棱块归位

还原步骤　判断顶层棱块情形，黄色面朝上，如图摆放魔方，用小鱼公式还原

情形1　顺三棱换

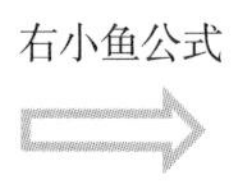

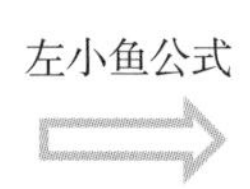

情形2　逆三棱换

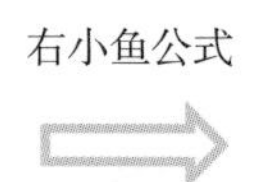

情形3　四棱换①

左小鱼公式

右小鱼公式

情形4　四棱换②

左小鱼公式

右小鱼公式

前言

一个小小的魔方在手，左拧右旋，右上左下，一面还没复原好，热情已耗了大半，没两天，几乎人人家中都有的魔方早已不知去向。说好的锻炼手眼协调呢？说好的培养思维能力呢？说好的解决问题的思路呢？玩魔方有那么多的好处，但不能持续吸引你，又有何用？

有什么办法可以持续吸引你？故事！人人爱故事，没错。孩子们更爱冒险故事。一个好故事，总是充满温情的，不像数据那么冷冰冰，也不像公式那么无趣。进入魔方世界，经历一场神奇的冒险之旅。情节曲折，让读者欲罢不能；过关斩将，不知不觉玩转魔方；最终，打败魔王，拯救魔方世界，靠的不是高超的魔方技巧，而是对魔方炽热的爱。魔方世界冒险之旅，既是主人公方方的，也是每位魔方学习者的，同样是每一位读者的“英雄之旅”。

而好的逻辑，总是充满确定，规则明确，思路清晰，推理充分的。整个逻辑世界都充满了简洁的美。玩魔方是学习怎么复原吗？才不！玩魔方其实是“解魔方”！在这本书中，玩转魔方的每一步其实都在分析步骤背后的原理是什么，思路是什么，解决问题的方法和步骤是什么。而所有的这些，背后真正培养的是解决问题的思维能力，学会这些，复原魔方只是副产品之一，而魔方也只不过是培养思维能力的小小工具而已。所以，真正的魔方高手，并不是最快的复原高手，而是通过魔方培养起来的步骤清晰、逻辑严谨、思维强大的高手。

仁者见仁，智者见智。高手看魔方，又是一个大千世界。本书还将帮读者建立魔方高手思维。魔方高手，首先是解题高手。他除了知道该做什么，还知道不能做什么；除了怎么做，还理解为什么这样做。魔方高手，还善用方法。解题有方法，本书用四步法搭建起解决问题的基本框架，易学易用。魔方高手，又是游戏高手。解魔方是一种游戏，与其他游戏一样，有目标、有规则、有策略。理解目标，善用规则，优化策略，就是通

往高手之路。

故事思维和逻辑思维各自的特点，似乎让一个好的故事和好的逻辑双方难以牵手。而在《魔方少年：写给你的魔方课程》这本书中，我们却看到：一个好的故事和好的逻辑是如何完美结合的。

这既是一本故事书，又是一本原理书。

全书共十个章节。每一个章节的前半部分讲述了魔方少年方方的历险故事，而后半部分则深入剖析了故事背后的魔方原理。魔方的解法有很多，书中选择的是三阶魔方层先法，这是一种适合初学者的解法。全书的十个章节可以分成三个部分。第一部分是前两章，为预备知识，介绍魔方的基本结构和操作。第二部分是第三章至第九章，为全书主体部分，介绍层先法的七个步骤，分别是底棱复原、底角复原、中棱复原、顶棱翻色、顶角矫正、顶角归位和顶棱归位。每章解决一个问题，解释相关核心概念，剖析解法原理。第三部分是第十章，全面梳理解魔方的思路。各章的魔方小课堂开头部分明确了学习目标，敲黑板部分归纳了重点知识，各章末尾还提供了练习题目。

通过学习本书，读者不但能复原魔方，具备魔方高手的思维，还将获得一套解魔方问题的工具包。熟练使用这套工具包，可以解决各式各样的魔方问题，还会为学习魔方高级解法和盲拧魔方奠定基础。本书可作为中小学魔方学习教材使用。

尽管笔者对解魔方问题十分痴迷，但受水平所限，书中难免存有不妥之处，望读者朋友不吝指正。对本书的任何意见和建议，请发至笔者的电子邮箱kylewei@hotmail.com。

翻开书，跟随着方方，听从冒险的召唤，让我们进入魔方世界，在同伴的帮助下，一起拆解思路，降妖除魔，面对困境，找寻办法，最终过关斩将，人人不仅成为魔方高手，更能成为思维高手。

目 录

魔方少年 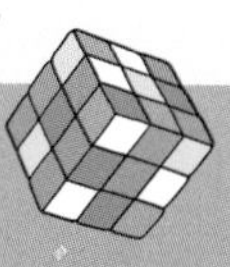 写给你的魔方课程

第1章 被召选的孩子

在异次元空间，有一个叫莫里克的星球，天神掌管着莫里克之星球的秩序，守护着这里的六个王国。一天，混乱化身的魔王向莫里克星球发起攻击，试图成为莫里克世界新的统领者。

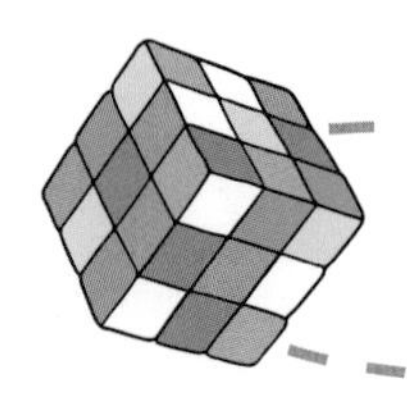

地点：莫里克星球 黄金宫殿内

“天神，怎么办？魔王的攻势太猛了，我们快坚持不住了。”

“看来我们需要请降魔者来帮忙了，只有他才能打败魔王。”说罢，天神念起了咒语：“莫里莫里克，紧急呼叫降魔者，莫里莫里克，紧急呼叫降魔者……”还没等降魔者回应，魔王的大军已攻入黄金宫殿，来到了天神面前……

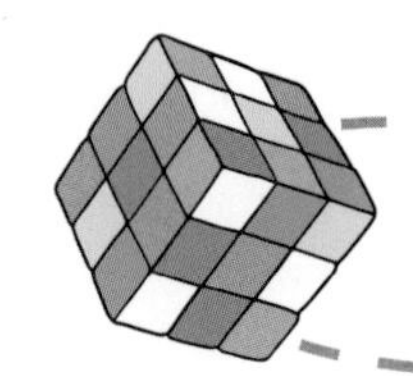

地点：地球 中国上海

一个秋日的午后，方方的宠物猫小灰钻进了爷爷的杂物间。杂物间一向是锁着的，方方很少进去，今天爷爷却忘记关门，小灰一直爬到杂物间橱柜的最上层，趴了下来。

“小灰，下来！”方方喊道。小灰眯着眼睛看了方方一眼，摇了下尾巴，继续趴着。方方伸手想把小灰抱下来，无意中看到橱柜顶层有一个铁盒。铁盒隐隐地散发出淡紫色光晕，这勾起了方方的好奇心。他踮起脚尖，伸出手，小灰却一跃而起，“啪”的一声，铁盒从橱柜上跌落，里面的东西顿时四散开来。方方赶忙去捡，发现有一个魔方被摔散了，这是一个老旧的魔方，有些地方已被磨得有点圆了，方方将摔散的魔方重新组合起来。突然，魔方内部升腾起一股神秘而强大的力量，似乎要吞噬周围的一切。

方方眼前一片漆黑，不知身在何处……

“帮帮我，帮帮我……”隐隐地听到有人在求助，方方慢慢地睁开眼睛，眼前是一块块错综复杂的石碑，周围一个人都没有，方方感到既冷又怕。

“帮帮我……”声音再度响起，仿佛是从石碑林里发出的。

“你是谁？谁在叫我？”

“我被困在石碑林了，你能来这边吗？”

方方走近石碑，只见石碑林中站着一位老人。他有着花白的头发和眉毛，脸上堆满了皱纹，一脸的慈祥。方方问：“你是谁？这是什么地方？”

老人说：“这是莫里克之星地心的石碑林，我是星球的守护天神。莫里克星球曾经是一个安宁和谐的乐土，直到魔王的到来。他率领魔界大军攻打了我所在的莫里克星球，对我施加了封印，把我困在石碑林中。”

方方感到震惊和疑惑：“那我为什么会到这里呢？”

天神回答：“孩子，因为你触动了卡卡，它是进入莫里克之星的钥匙，那是一个施加了法力的老旧魔方。只有能够打败魔王的英雄降魔者，才会通过魔方钥匙来到莫里克之星。”天神沉思了一会儿，继续说道：“孩子，你是被莫里克之星召选的人，你愿意协助我打败魔王，重建莫里克世界吗？”

方方简直无法相信自己的耳朵。“天神爷爷，我还是个孩子，怎么可能打败魔王、重建莫里克世界？”天神笑了，他以肯定的口吻说：“孩子，每个人都是自己的英雄，只要敢于面对困难，迎接每一个挑战。既然你能来到这里，冥冥之中预示着你就是那个拯救莫里克之星的英雄。”

方方的眼睛里仍有疑惑，内心却有一个坚定的声音：尽己所能去帮助别人。爷爷从小这样教育他。

方方对天神坦诚地说：“天神爷爷，你可能弄错了，我不是什么英雄，我只是一个普通的小男孩。但是，如果有什么是我能为你做的，请你告诉我，我很愿意帮助你。”

天神温柔地看着方方，说：“孩子，你还不了解真正的自己。不过没关系，慢慢你就会知道的。现在你帮我解开石碑上的封印吧，这样我也有法力可以助你一臂之力。”

顺着天神手指的方向，方方看到一块刻着文字的石碑。上面写着：

◇ 魔方一共有几个面、多少块?

◇ 根据魔方上的位置，魔方块可以分成哪三类?

◇ 每一种类型的魔方块分别有几个?

◇ 每个魔方块有哪两种状态属性?

天神继续说:“正确回答这些与魔方结构有关的问题，这块石碑的封印就会被解除。但如果想得到答案，你需要见一位重要的人物，是他打开了你们地球与莫里克之星之间的通道。我还有最后一点力量，让我送你去见他。”

说完，天神念起了咒语:“左上右下，右上左下，时光穿梭，走!”

一阵眩晕之后，方方发现自己来到了一个陌生的地方，一个中年男子正在把玩魔方，他眉头紧锁，似乎遇到了困难。

方方上前，向他打招呼:“叔叔好!我叫方方。”

中年男子转过头来，看到方方口袋中露出的魔方一角。他很奇怪地问:“小朋友，你可以给我看看你口袋里的玩具吗?它怎么跟我的发明一模一样?”

方方掏出那只被他组装好的老旧的魔方，对中年男子说:“这是魔方啊，是我爷爷的，我是我们学校的魔方小达人呢!我可以很快地复原它。”

中年男子又惊又喜，赶紧把手上的魔方递给方方:“太棒了，我虽然发明了魔方，但还没有研究出复原的方法。你能演示怎么复原吗?”

方方点点头，边拧边说:“可以像盖房子一样还原魔方。打地基，立高墙，架顶梁，盖瓦房……好啦!”

中年男子激动地抱起方方:“天呐，你真是个聪明的孩子，这正是我需要的，忘了做自我介绍，我的名字叫厄尔诺·鲁比克，是一名建筑学教授。为了让我的学生能对建筑结构有更好的理解，我发明了魔方。刚刚看你复原魔方的方法，跟我教的建筑学简直一模一样呢!你可以教我吗?”

方方用力点点头，说:“鲁比克教授，那你能教给我魔方的结构知识吗?”

“成交!”鲁比克教授高兴地向方方伸出手。

第1课 基本结构

学习目标

✓ 能描述三阶魔方的基本结构。

✓ 能解释层先法还原的游戏策略。

欢迎来到方方小课堂。今天是魔方学习的第一课，方方将带你一起认识魔方。

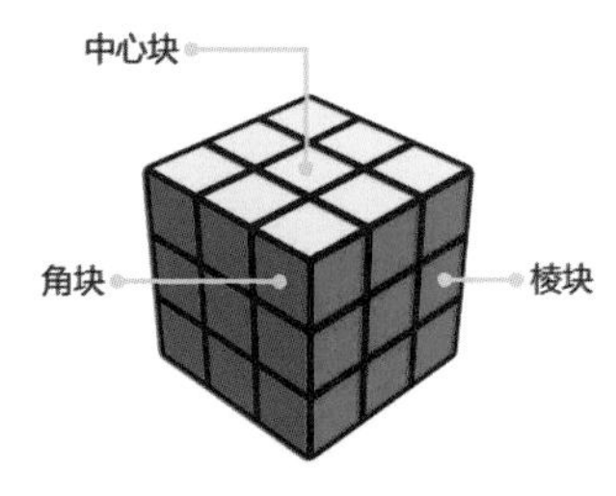

扫描二维码1-1，观看“魔方基础知识”教学视频。

1-1

敲黑板

✓ 三阶魔方是一个正方体，由6个中心块，12个棱块和8个角块构成。

✓ 三阶魔方有六个面，两两相对，分成三组。在标准配色下，六个面的颜色分别是白色与黄色（煎鸡蛋的颜色）、蓝色与绿色（冷色调）以及红色与橙色（暖色调）。

✓ 层先法是一种复原魔方的简单解法，它的复原过程就像盖高楼一样——自底向上，逐层完成。

方方心里惦记着天神爷爷，急着回去解除石碑上的封印，于是他与教授匆匆告别。

突然，一阵狂风袭来，风中裹挟着泥沙，方方不由地闭上眼睛。等方方再睁开眼睛时，发现小灰蹲在脚下，它的项圈上多了一个徽章。

“小灰，你怎么来了？”方方兴奋地喊。

小灰喵了一声，算是回答。方方拿起徽章，仔细一看：

莫非天神爷爷的第一个封印解除了？

练习题

1. 请写出三阶魔方包括多少个正方体小块。

三阶魔方共有________块。

2. 三阶魔方共有多少个角块，并在图中圈出所有的角块。

三阶魔方共有________个角块。

3. 图中是一个打乱的魔方，只显示了它的前面。这个面被复原之后是什么颜色？

这个面复原之后是（　　）色面。

4. 方方心爱的魔方被摔成了好多小方块，现在找到了11个棱块、6个角块和5个中心块，请问方方丢了________个棱块、________个角块、________个中心块呢？

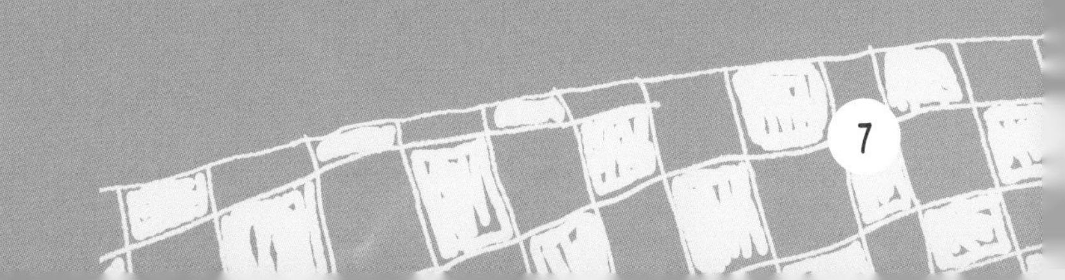

颠来倒去

突然，天神的声音在耳边响起，“方方，恭喜你通过了第一关魔方结构的考验。你已经成功地打碎了封印，接下来的挑战会更难，你准备好了吗？”方方自信满满地说：“再困难的挑战我也会努力完成的！”按照天神的指示，方方走到第二块石碑前，小灰摇了一下尾巴，跟了过来。

石碑上有六个正方形的洞，两两一对，排成三排。地上有六个形状相同，但颜色各异的正方体石块。方方马上意识到他要把这些石块放到石洞里，他试着做了一遍，但石碑却毫无反应。怎么办呢？

望着眼前的这些颜色：白色、黄色、红色、绿色、蓝色、橙色，方方拍了一下脑袋，说：“对啊，这不是魔方上的颜色吗？一个魔方有前、后、左、右、顶和底六个面。我把前、后面的颜色放在一起，左、右面的颜色放在一起，顶、底面的颜色放在一起，是不是就可以成功了呢？”

果然，当方方按照这个顺序摆上石块之后，石碑表面浮现出一张色彩缤纷的地图：白雪皑皑的冰雪之城、蔚蓝神秘的海底王国、绿树成荫的热带雨林、四季红艳的枫叶之都、生机勃勃的橘子群岛、遍地金黄的黄金海岸。

但是，这些美丽的景象突然消失了，取而代之的是一片荒芜和混乱的世界。海底王国的海面上漂浮着一棵棵枯死的橘子树，冰雪之城狂风暴雪，卷席着一片片红枫，似乎要把冰雪之城吞没。天神说道：“孩子，莫里克世界本来是由这六个地区组成的，这里曾经是一个美丽的世界，但是因为魔王的破坏，整个世界陷入了混乱。”

看到眼前的美景被破坏了，方方为天神爷爷感到难过。他对天神说：

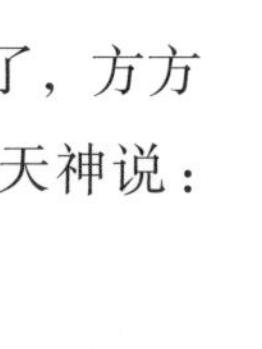

“天神爷爷，我想尽最大的力量帮助莫里克世界恢复和平”。天神十分感动：“孩子，谢谢你。虽然魔王摧毁了一切，但我们有信心重建莫里克世界。现在，你可以正式进入莫里克世界了。”

天神手一挥，石碑上的地图消失了，出现了一个圆形的隧道入口。天神说：“孩子，这条隧道通往莫里克世界，但隧道入口有三扇门，门上各有一个魔方，上面刻着用魔方语表示的转动方式，你只有按提示操作，门才会顺利打开，这也是进入莫里克世界的一个考验。孩子，你每通过一次考验，就会得到一个徽章，这些徽章会赋予我们战胜魔王的力量，请把它们都收集起来！”

“嗯，天神爷爷，我记住了。”方方点头，再抬起头时，天神爷爷早已不见了踪影。望着隧道，方方的脑海中不由得重复天神爷爷说过的话“魔方转动方式……当初爷爷教我玩魔方的时候，也要区分转动方式，正好借机复习一下！”

第 2 课　基本操作

学习目标

✓能使用颜色，快速判断给定坐标系下的魔方状态。

✓能熟记魔方旋转操作的字母标记法。

认识了魔方的结构和状态后，我们来了解魔方的转动操作。

扫描二维码2–1，观看“魔方字母标记法”教学视频。

2–1

敲黑板

✓魔方的转动可以用英文字母来标记。U（Up）表示转顶层，D（Down）表示转底层，R（Right）表示转右层，L（Left）表示转左层，F（Front）表示转前层，B（Back）表示转后层。

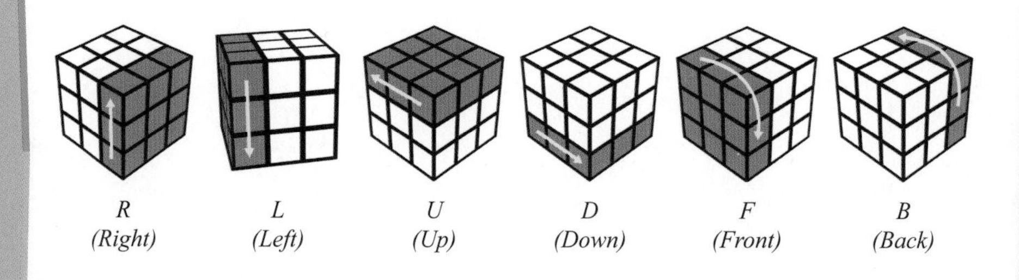

R (Right)　*L (Left)*　*U (Up)*　*D (Down)*　*F (Front)*　*B (Back)*

✓顺时针方向转动直接用英文字母标记，逆时针方向转动用字母右上角加一个「'」的方式表示。

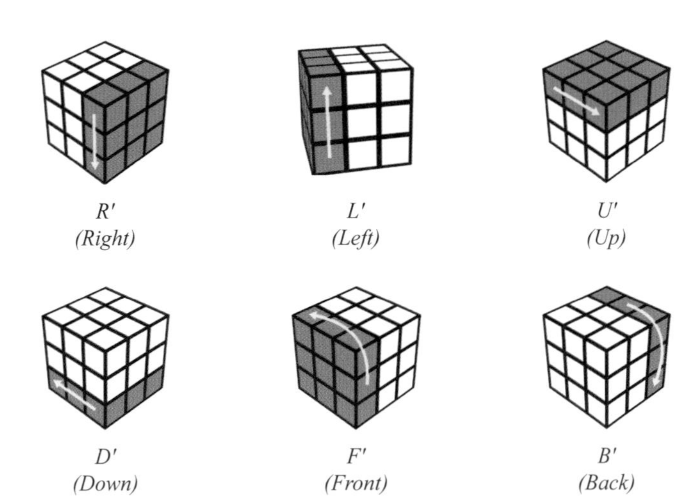

✓一个字母表示将魔方转动90°，例如R表示将右层（Right）顺时针旋转90°。

✓在字母后接数字，表示旋转多次，每次转90°，例如U2表示将顶层（Up）顺时针旋转180°。

(R)

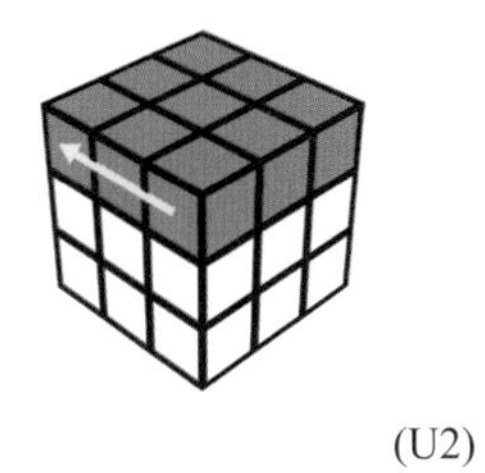

(U2)

✓连续的几个字母，表示按顺序进行几个旋转，例如F′R表示先将前层（Front）逆时针旋转90°，再将右层（Right）顺时针旋转90°。

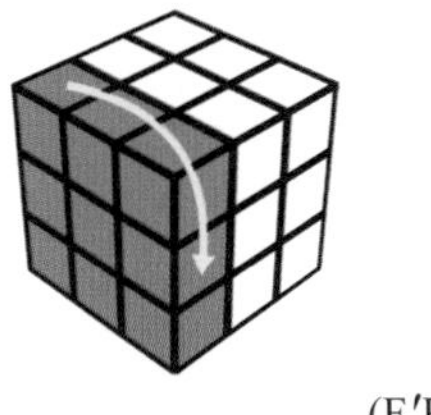

(F′R)

突然，小灰远远地跑来，项圈上又多了一枚徽章！方方一看：

方方明白了，嘴角浮现一丝笑容，他手一招：“小灰，咱们走。”转过身，方方来到第一扇门前，转动了门上的魔方……

练习题

1. 在标准配色的魔方中：
   红色面的对面是（　　）色面。
   蓝色面的对面是（　　）色面。
   白色面的对面是（　　）色面。

2. 图中是魔方复原后的立体展开图，共两张。每张图给出两个面的颜色，其他四个面未上色。请按照标准配色规则，在图上涂出其他四个面的颜色。

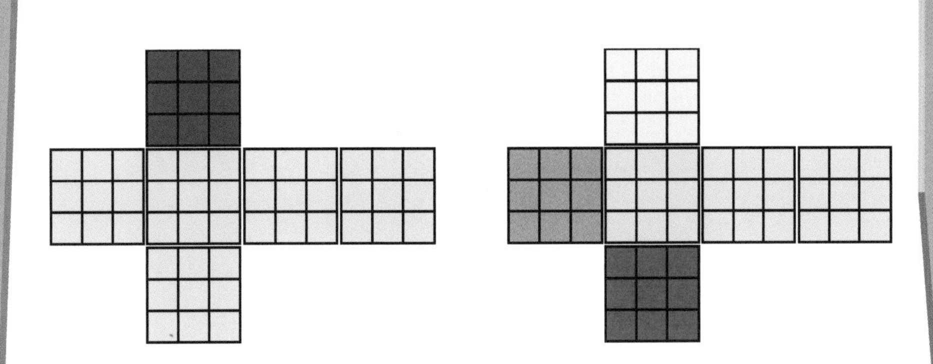

3. 请说出这个魔方的前层（Front）是顺时针转动了，还是逆时针转动了？

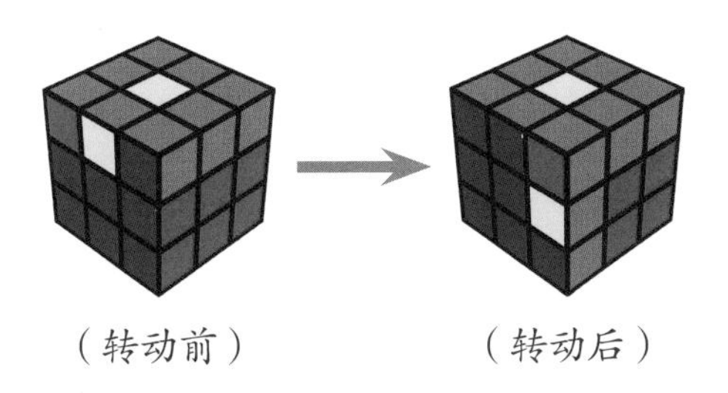

（转动前）　　（转动后）

前层________（顺/逆）时针转动了。

4. 隧道入口有三扇门，门上各有一个魔方图案，是由复原状态转换生成的。请以转动的字母标记形式，写出生成三扇门图案的操作步骤。

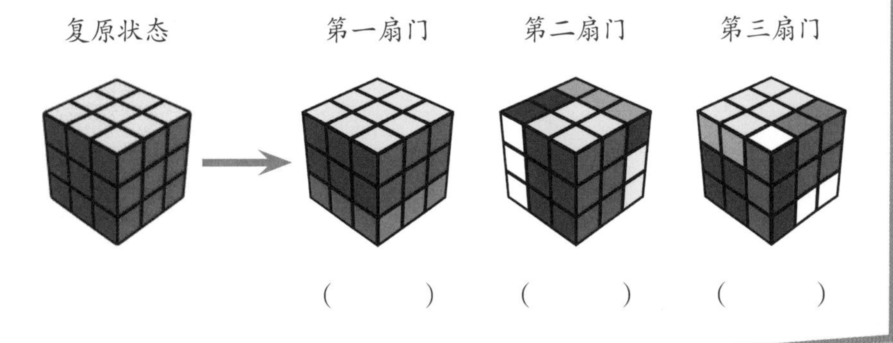

（　　）　（　　）　（　　）

5. 附加题：连续进行几个操作就构成了一个操作序列，比如URU′R′就是由四个操作组成的操作序列。其中，U′和R′分别是U和R的逆时针操作。一个操作序列的逆操作就是按照从后向前的顺序进行序列中每个操作的逆操作，逆时针操作用′标记，例如（URF）′=F′R′U′。

请写出RUR′U′的逆操作：____________

第3章

丢失的雪莲花

走出迷宫，方方发现自己来到了一个冰天雪地的世界，狂风吹来，雨雪交加，荒凉一片，方方不禁打了一个寒颤，抱紧了短袖下裸露的双臂。“喵，还真酷呢。”方方突然听到了熟悉又陌生的叫声，“喵”，这是小灰的声音，可是小灰怎么突然会说话了？方方诧异地转过头去，是小灰啊，可是……

方方睁大眼睛定定地看着小灰。小灰晃了一下尾巴：“别这样看着人家，到了莫里克世界，猫会说话也没什么大惊小怪的。你穿得太少了，前面有个小木屋，我们快去暖和一下吧。”话没说完，小灰已走到前面去了。方方好一会儿才回过神来，赶紧跟了上去。茫茫风雪中，方方望见远处似乎有一个小屋正隐隐透着灯光。方方在雪地里奋力奔跑，但是那个小屋这么近，又那么远，方方跑几步就跌倒一次，眼看就到小屋门口了，方方却眼前一黑，倒在门口，昏了过去。

方方醒来，发现自己正躺在床上，“你醒啦！”一位慈祥的老奶奶抱着小灰站在床边，她对方方说：“我听到外面有小猫叫，打开门却发现你躺在门口，孩子，你穿得这么少，一定冻坏了，先喝点热茶暖暖身子！”“谢谢奶奶。”方方接过热茶，将茶杯捧在手里，小口小口地喝了起来，一边喝一边问：“奶奶，这是哪里？”老奶奶叹了口气，坐在方方的床边，说道：“孩子，一看你就是从其他地方来的。我们这里曾经是美丽的冰雪之城，景色秀丽，人们安居乐业，虽然常年寒冷，但是生活却很温暖。可是，现在它有了一个新的名字——暴雪谷。”方方很惊讶，“为什么会这样？究竟发生了什么？”方方迭声问道。奶奶默默地推了推自己的老花镜，对方方说：“孩子，说来话长。”

“冰雪之城一直以来都是莫里克世界的根基，如果把黄金海岸比作是天空的话，冰雪之城就是莫里克世界的大地，它为各个王国提供最基础的能源。冰雪之城的能量来源是一朵圣洁的雪莲花，但是有一天，魔王的到来打破了这里的平静，他亲手摧毁了雪莲花，并把雪莲花瓣散落在世界的各个角落，从此以后，冰雪之城从一个美丽的雪城，变成了气候恶劣的暴雪谷，人们都纷纷躲到黄金海岸的地下城去生活，现在冰雪之城只剩下行动不便的老年人了。”

奶奶说到这儿，不由得又深深叹了口气。“奶奶，那怎样才可以重建冰雪之城呢？”方方急切地望着奶奶。“孩子，没办法啊，这城里都是老人，有谁可以满世界去寻找雪莲花瓣呢？更何况，还要先把它们送到魔王霸占的黄金海岸，再找到能唤醒它的人才行，难啊！”说完，又是一声叹息。

方方一把放下杯子，从床上跳下来：“奶奶，我去！”“什么？”奶奶有点儿不相信自己的耳朵。方方点了一下头：“是的。我去！”

奶奶感动得要落下泪来，抚摸着方方的头，奶奶说：“好孩子，谢谢你！不过，你要记住：雪莲花散落在莫里克世界的各个角落，你要找齐四种颜色的雪莲花瓣，把它们带到黄金海岸，再找到一只叫码粒的小鼹鼠，他会告诉你该怎么做。冰雪之城能不能得救，全靠你们了。”方方使劲点点头。

说罢，奶奶从衣橱里拿出一件厚厚的大衣，让方方穿戴整齐后，奶奶拉出雪橇，小灰紧随其后，方方挥手向奶奶告别：“奶奶，等我的好消息吧。”“孩子，要注意安全，照顾好自己。”告别奶奶，方方和小灰滑着雪橇，一路前行。

失落的雪莲花瓣会在哪儿呢？方方想：不如先从附近开始找吧！

风更大了，卷着雪花吹过来，隐隐地，方方听到微弱的呼救声，“救命！救命……”循声走到一棵树下，求救的声音越来越清晰，方方抬头，原来是一只小松鼠卡在了树枝间。“小灰，看你了！”方方话语刚落，小灰就叼着小松鼠从树上跳了下来。

“谢谢你们！我叫跳跳，你叫什么呀？”方方乐了，莫里克世界的动物是不是都会说话呀？“我叫方方，是从地球来的，现在要去寻找遗失的雪莲花瓣来平息这里的风暴。”“雪莲花瓣吗？”跳跳兴奋地跳起来，“你可找对人了。别人找不到它们，但却难不倒我跳跳。我刚刚还在大松树顶上看到一瓣，跟我来！”

跟着跳跳，三个小伙伴四处奔波，终于找齐了雪莲花瓣，但是，该如何将它们带去黄金海岸呢？跳跳说：“黄金海岸曾经是所有人都向往的地方，有四班穿越中央四国的直达列车每天在冰雪之城和黄金海岸之间穿梭，但是由于魔王的破坏，车站和列车都被毁坏了，轨道上也堆满了积雪，我们只能沿着轨道走去黄金海岸了。”方方问它：“那要多久呢？”跳跳说：“大概三天吧！”方方望着手中的雪莲花瓣，心想：三天太长了，这些雪莲花瓣恐怕坚持不了那么久，得想想其他办法。“跳跳，你知道车站在哪儿吗？我们去看看吧。”

跳跳带着方方和小灰来到车站。眼前的一幕让方方心灰意冷：车站已是断壁残垣，列车破烂不堪，车头倒在铁轨上。跳跳说：“我说吧，咱们还是抓紧时间赶路吧。”说完就要离开。小灰喊道：“等等，或许这个可以用。”说完，小灰向前奔去。原来，轨道上有一辆简陋的木车架，车上除了四个轮子就只有一根操作杆和两块木板。这能行吗？方方以前最害怕坐过山车，看看手中的花瓣，再看看简陋的木车，只见方方小心翼翼将花瓣放入口袋，然后，鼓起勇气站上小木车：“时间不等人，我们快出发吧！”方方向前推动操作杆，木车沿着轨道动了起来，车身开始颠簸，方方用发抖的手将操作杆用力按到底……

不知过了多久，小木车开到轨道尽头，停了下来。大家下了车，四处环顾，周围空空荡荡，什么建筑都没有，地上是脏兮兮的沙土，空气中充满了呛鼻的味道。放眼远眺，天际处似乎是一片漆黑的海水。难道这就是万众向往的黄金海岸吗？方方小心地从口袋里掏出雪莲花瓣，原本散发着微弱光芒的花瓣也快枯萎了，方方又急又有些失落。这可怎么办呢？

忽然脚下有声响，方方警惕地喊道：“是谁？快出来。”只见从地下冒出一个戴着海盗帽的小鼹鼠。“你手里拿的是雪莲花瓣吗？”他问方方。“我要找小鼹鼠码粒，你认识他吗？”方方答非所问。小鼹鼠说：“我就是码粒呀，你手中的花瓣已经十分虚弱了，它们需要汲取黄金之源的能量。”方方急忙把手中的花瓣递给码粒，说道：“码粒你好，我们终于找到你啦！奶奶说你可以救活雪莲花，平息冰雪之城的暴风雪。”

码粒顾不上说话，急忙从口袋中掏出一块金黄的宝石，雪莲花瓣靠近宝石之后，重新开始发出微弱的光芒，渐渐地，花瓣放射出璀璨的七彩霞光，并绕着中心的宝石旋转，越转越快，四片硕大的花瓣升腾而起，每一片花瓣都散发着不同颜色的光芒，蓝、红、绿、橙，这是驱走黑暗的生命之光。

码粒对目瞪口呆的方方一行说："该送雪莲花回家了。"在码粒的指引下，方方带着红色光芒的花瓣向着枫叶之都的方向，小灰带着蓝色光芒的花瓣向着海底世界的方向，跳跳带着绿色光芒的花瓣向着热带雨林的方向，码粒带着橘色光芒的花瓣向着橘子群岛的方向，四个小伙伴搭乘四辆木车奔向远方的冰雪之城。

第 3 课　底棱复原

学习目标

✓ 能判定两个块之间的直达关系。

✓ 能辨识棱块的色向。

✓ 能复原单个面的全部棱块。

从这一课开始，我们从魔方的底层出发，来复原魔方。

扫描二维码3–1，观看“白色小花”教学视频。

做出“白色小花”后，扫描二维码3–2，观看下一步“底棱复原”教学视频。

3–1

3–2

操作讲解

操作成果

黄色中心块四周的四个棱块都是白色棱块。

还原步骤

灰色块指的是任意颜色的块。

1. 把白色棱块转动到第二层。

如果棱块已经在第二层则跳过这步。

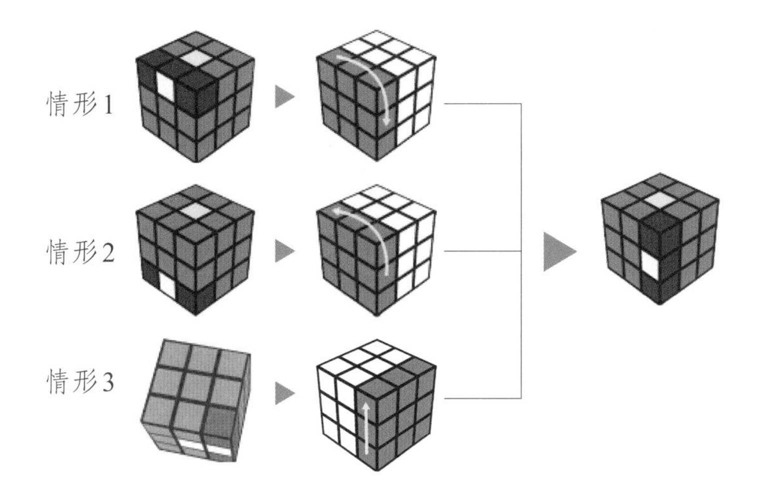

2. 把第二层的白色棱块向上转动到顶层。

注意：第二层白色棱块正上方若已有白色棱块，则需要转动顶层，使该棱块上方没有白色棱块。

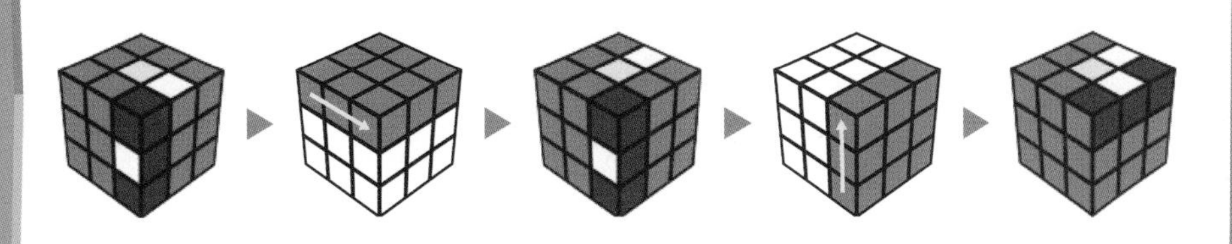

3. 把每一个白色棱块转到顶层后，顶层就做出了白色小花。

※

敲黑板

✓如果只需转动一个层，就能把一个色块送到目的地，那么出发地就能够直达目的地。

✓如果目的地上有障碍物，则需要进行让位操作，把障碍物移开。

✓将白色棱块从顶层转到底层时，需要先定位，确保棱块的另外一个颜色在正确的面上。

随着雪莲花重新在冰雪之城绽放，暴风雪渐渐平息了。雪莲花的花心发射出一道光束，射到了小灰的项圈上，只见小灰的项圈上又有了一个徽章，方方仔细看：

码粒绅士地脱帽向大家敬礼，说道："我的好朋友们，你们圆满地完成了此次的任务，平息了暴风雪，我也要回黄金海岸了。只要大家齐心协力，一定可以打败魔王，我在黄金海岸等着你们。"依依不舍中，码粒向大家告别。冰雪之城虽然恢复了往日的宁静，但方方拯救莫里克世界的探险之旅才刚刚开始。

练习题

1. 下面有两个魔方。对魔方①做哪两步旋转操作，能把它变成魔方②呢？（以魔方字母标记形式写出操作步骤。）

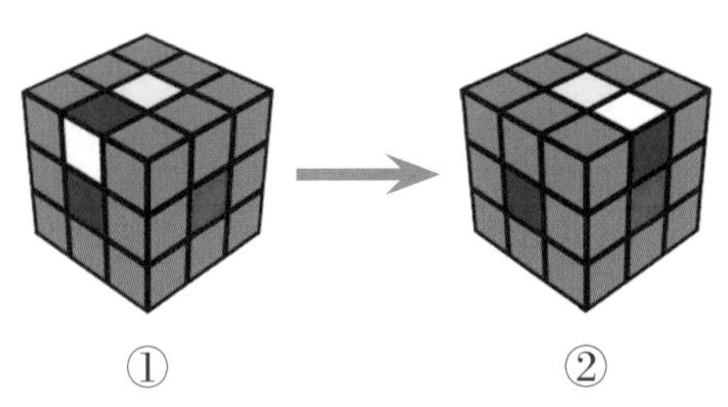

① ②

操作步骤：________________

2. 判断题：在做白色小花时，只要白色棱块出现在第二层，那它一定可以通过一步转动转到顶层，且白色色块朝上。

这句话对吗？______（对/错）

3. 已知白底花瓣棱块的目的地都在顶面上。白色块从哪些位置出发能够直达顶面，从哪些位置出发却不能呢？

A. 白色块在顶层的侧面

B. 白色块在底层的侧面

C. 白色块在底层的底面

D. 白色块在中层（只能是侧面）

① 能够直达顶面______（多选）；② 不能直达顶面______（多选）。

第4章

魔方少年  写给你的魔方课程

落叶归根

冰雪之城的风雪停止了，但是眼前的冰雪之城完全没有了往日的景象。遍地都是被大雪压垮的枯树、破旧不堪无人居住的房屋，吹过方方耳旁的微风在低声哀嚎。这里变了，虽然雪莲花回来了，但是暴风雪对冰雪之城的打击是无法逆转的。方方看着眼前的景象，十分痛心。他压抑不住自己的情绪，对着天空大喊："天神爷爷！我该怎么办？"方方满心期待天神的回答，但是除了山谷的回声，一切都是寂静的。偌大的山谷中，方方显得那么渺小无助。无奈的方方只能带着跳跳和小灰回奶奶的木屋。

"咯噔"，雪橇被磕了一下，方方一行整个失去了平衡，重重地摔在地上。跳跳痛得直跳："哎哟，好痛啊！"方方也直咧嘴，小灰却说："快看，宝盒，还发光呢！"果然，雪地上有一个发光的盒子，有一半还埋在雪里。大家把宝盒挖出来，方方急忙打开：躺在宝盒中央的，居然是一张破旧不堪的图纸，上面画着两组奇怪的招式。跳跳嚷道："什么呀！我还以为里面

会有宝物呢，没想到就一张破纸！”方方看了半天，没懂这些招式的意思。小灰说：“也许奶奶知道。”方方盖上宝盒，将它放进口袋，跳上雪橇，带着小灰和跳跳继续往奶奶的木屋赶去。

“奶奶！我回来了，我找到雪莲花瓣了！风雪都停止了！”方方一进门就兴奋地喊。奶奶把方方搂进怀里：“方方你真棒！你拯救了我们冰雪之城！”方方被夸得不好意思，低着头对奶奶说：“奶奶，其实这不是我一个人做的，是跳跳和小灰的功劳。”跳跳蹿上桌子：“奶奶好，我叫跳跳，这次多亏了我把花瓣送上黄金海岸我们才成功的！”奶奶看着活泼的跳跳，笑了：“好！好！好！我的小英雄们，奶奶去给你们准备好吃的！好好庆祝一下！”

奶奶刚准备转身去厨房，方方急忙拿出捡到的宝盒问道：“奶奶，您见过这个宝盒吗？这是我们在回来路上发现的。”奶奶接过宝盒，掏出老花镜，仔细端详，宝盒上的印记引起了奶奶的注意：“这是降魔者的印记，宝盒应该是他的，但是降魔者已经很久没有出现在莫里克世界了。如果降魔者在的话，魔王也不会如此猖獗，唉……”“降魔者。”方方低声重复，好像听天神爷爷提起过，他究竟是谁呢？“奶奶，您跟我说说降魔者吧。”方方满是好奇，还没等奶奶开口，跳跳抢着说道：“方方，你该不会没听说过降魔者吧，他可是莫里克世界的救世主，我们的大英雄，听说在我还没出生的时候，就是他和天神联手将魔王镇压在地心，才使莫里克世界躲过了那次灾难。”

奶奶说道：“关于降魔者的故事，说来话长，听说，他并不是莫里克之星的人，他是通过神秘的通道来到莫里克世界的，当时魔王试图将莫里克之星占为己有，就是这样一个来自其他世界的勇士，挥舞着神剑，与魔王大战三天三夜，最终将魔王封印在地心。”

“那降魔者既然能打败魔王一次，一定可以再次打败魔王的！他怎么没出现呢？”

“降魔者现在应该跟我一样，已经是头发花白的老人了吧，只怕没有力量再去对抗魔王了，而且，这次魔王是来复仇的，比以前更残暴。”说

完，奶奶不由得叹了口气，“不说了，不说了，我给你们做饭去。”

方方又拿出那张破旧的图纸，陷入了沉思。“这些招式到底是什么意思呢？怎么像爷爷打的太极呢？”方方又尝试着跟图做了一下，什么反应都没有。方方有点儿沮丧，趴在桌上想了又想……

渐渐地眼前出现了一个背影，这个背影很熟悉，却又有点儿陌生，是谁呢？

那人转过身来，方方吃惊地喊道：“爷爷！你怎么会在这里？”爷爷摘下自己的头盔，看着方方，说道：“方方，有件事我一直瞒着你，其实，我曾经是莫里克世界的降魔者，五十年前，我战胜了魔王，但我的法力不足以把它彻底消灭，我只能用仅存的法力把它镇压了。”方方震惊得说不出话来，没想到跟自己朝夕相处的爷爷还有这样的身份。爷爷继续说：“方方，相信你已经找到我留给你的图纸了吧，这是莫里克世界最基础，但用处最多的本领，叫乾坤挪移术，它可以帮助你用意念操控物体。别看它只有几个简单招式，如能得其精髓，则可斩妖除魔。记住：最重要的一点，在施法之前要心无杂念，静下心来才能成功。步骤顺序绝不能乱，动作务必一气呵成。”“爷爷，具体怎么操作呢？”方方急切地问。还没等回答，爷爷早已不见了踪影，“爷爷，爷爷……”方方突然醒过来，原来是个梦。

“乾坤挪移术”，方方念叨着，他还清晰地记得梦中爷爷说这是莫里克世界用处最多的本领。既然爷爷是莫里克世界的降魔者，这乾坤挪移术一定可以用在魔方上。想到这儿，方方从口袋里拿出卡卡，打开宝盒中的那张招式图，一边看，一边跟着动作自言自语，“第一张是，左推，上提，右拨，下收，也就是说在动作的方向上，是左上右下。那第二张就是……”“右上左下吧？”还没等方方说出口，小灰不知何时到了方方身边，“我知道啦，这不就是魔方口诀吗！”方方兴奋地喊，“这是复原魔方底层时用到的角块归位口诀呀！”小灰摇了下尾巴，眯起双眼。

就在方方把卡卡放在招式图上的瞬间，突然，屋内闪现一个光球，是天神爷爷，方方又惊又喜。“孩子，你怎么会乾坤挪移术的？”天神急切地问。

“天神爷爷，我捡到一张招式图，刚才做了个梦，梦中爷爷对我说，他曾是莫里克世界的降魔者，还告诉我如何使用乾坤挪移术。”

天神点点头，“原来你是降魔者的孙子，难怪你和莫里克世界这么有缘。现在，你掌握了乾坤挪移术，冰雪之城的重建就指日可待了。”

“真的吗？天神爷爷，快告诉我，接下来怎么做？”

“孩子，你把雪莲花找了回来，这是第一步，雪莲花还很脆弱，我们需要找到象征莫里克世界各个王国的三色叶，把它们安放在花瓣的周围，落叶归根，这样雪莲花才能发挥最大的能量。”

“天神爷爷，这个好办。我和小灰、跳跳去找。”

天神摸着方方的头，“好孩子，它们并不好找，三色叶的背面必须要有雪国的雪迹，正面的左右两瓣则染上了其他王国的颜色。另外，每片叶子都要安放在正确的位置上，一旦放错一片叶子，我们将前功尽弃。切记！孩子，我的法力还没有完全恢复，冰雪之城的重建就靠你们了。”

说罢，天神俯下身来，朝着钥匙魔方念了一串咒语，“孩子，以后遇到困难，如果需要我的帮助，就用卡卡做左右乾坤挪移术各三遍，我就会出现。”

“天神爷爷，放心吧，我记下来了。”方方重重点了一下头。

“方方，吃饭了。”奶奶的声音从厨房传来。方方一转身，天神早也不见了踪影。方方迅速扒了两口饭，和奶奶说了自己要去修复冰雪世界便冲了出去，奶奶没有阻拦，她好像意识到了面前的这个小朋友并不普通。

方方带着跳跳和小灰再次上路。他嘱咐小灰和跳跳："记住哦，找到的叶子一定要有雪国的雪迹，还要有其他两个王国的颜色。"跳跳一溜烟蹿上了树，不一会儿，就听到它嚷道："我找到了！"方方定睛一看，“才不是呢，跳跳，要找带雪迹的叶子！一定要记住哦！”跳跳默默钻回树中继续寻找。小灰衔着一片叶子，方方一看，十分惊喜！背面带着点雪白，正面是枫叶国的火红和热带雨林的浓绿。“这是枫叶国和热带雨林边界的叶子，我们把它摆放好吧。”

方方闭上眼睛，抬起双臂，左推——上提——右拨——下收，左上右下，小灰和跳跳看呆了。只见叶子升腾旋转，很快飞到了雪莲花旁，待方方缓缓地睁开眼睛，白色的花瓣在叶片的衬托下似乎还散发着光芒。很快，跳跳也找到了一片叶子，叶子上有雪国的洁白、海底的湛蓝和橘子岛的鲜橙。随着一片片三色叶被安放，雪莲花散发的光芒也变得越来越耀眼。

第 4 课　底角复原

学习目标

✓ 能运用四步法分析和解决魔方问题。

✓ 能按需完成角块翻色。

✓ 能复原底层角块。

上一课学习了棱块的操作，这一课我们学习角块。

扫描二维码4-1，观看“底角复原”教学视频。

复原底角的方法是乾坤挪移术，一共有四步。

4-1

左（U）

上（R）

右（U′）

下（R′）

操作讲解

操作成果

还原底层的白色角块，底层侧边颜色和侧边中心块颜色相同，形成半个“T”型。

观察白色角块上的其他两个颜色，找到这两个颜色的中心块，转动顶层，将这个角块转动到这两个中心块中间。

1. 角块定位

以白红橙角块为例。

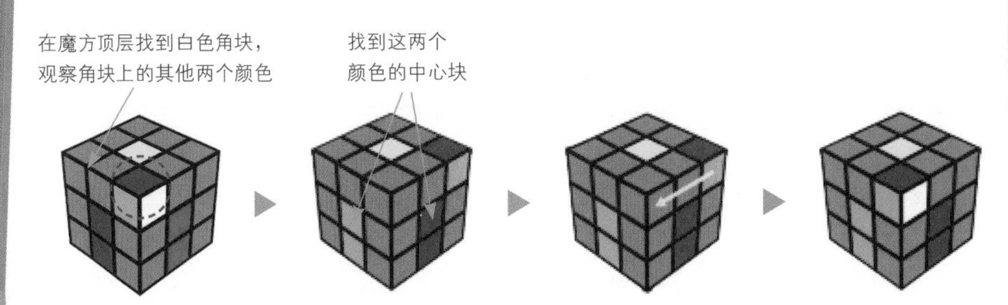

2. 还原步骤

首先判断想要还原的角块属于哪种情形，再判断使用左公式还是右公式。

右公式（乾坤转移术）：

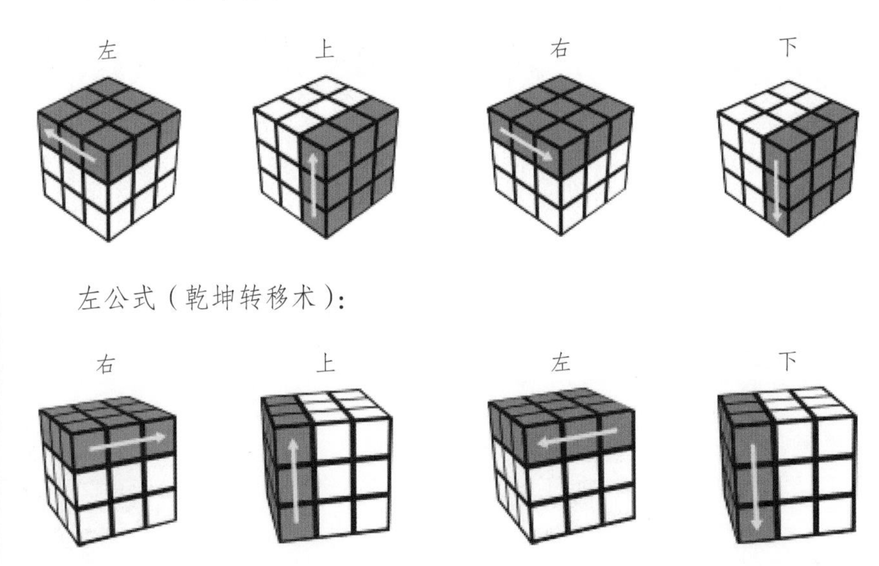

左公式（乾坤转移术）：

情形1　角块上的白色块位于所在面的右上角，操作时角块的白色块朝前。

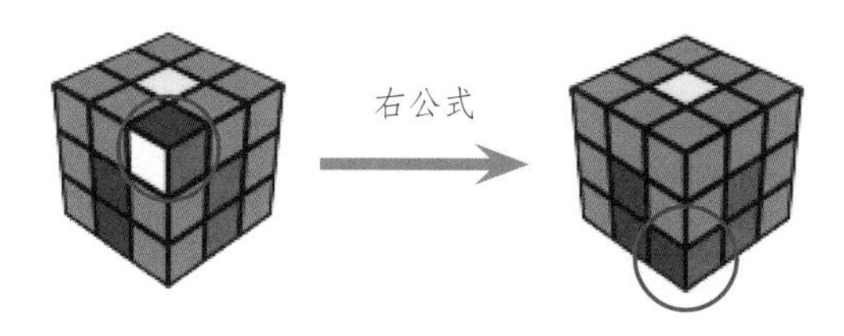

情形2　角块上的白色块位于所在面的左上角，操作时角块的白色块朝前。

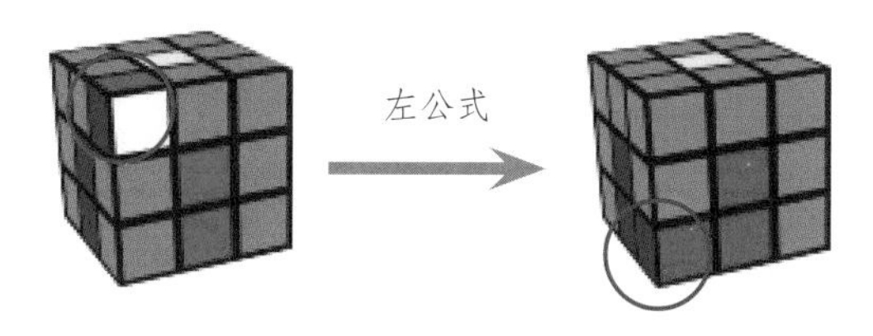

情形3　角块上的白色块位于所在面的右下角，操作时角块的白色块朝前。

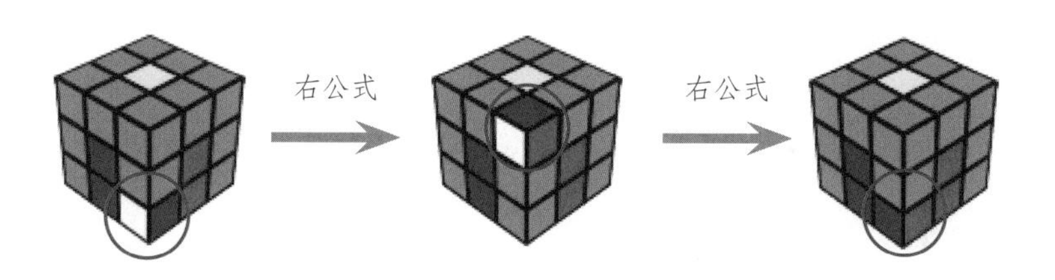

情形4　角块上的白色块位于所在面的左下角，操作时角块的白色块朝前。

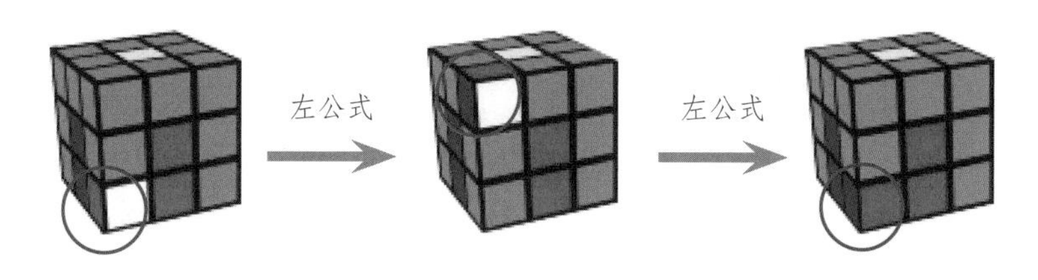

情形5　角块上的白色块位于顶面，操作时这个角块放在右上角。

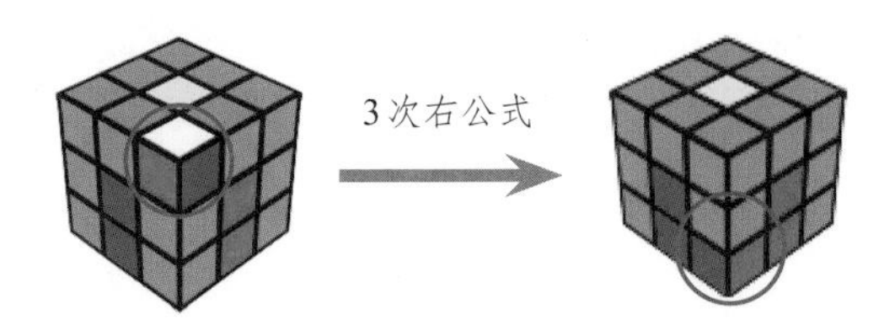

敲黑板

✓复原底角的时候，已经复原的四个底层棱块需要保护。

✓复原底角的方法是“乾坤挪移术”(左上右下或右上左下)。

奇迹出现了，雪莲花的光芒照耀在冰雪之城，树木重新挺直了腰板儿，在微风中伸展着枝条，房屋又回到了原先的样子，在雪莲花光芒的照耀下，一切都熠熠生辉，仿佛一座水晶宫，原来这才是冰雪之城本来的样子啊，果然是一个风光旖旎的地方呢。

方方突然意识到：重建“冰雪之城”所做的事，和把魔方的四个白色角块复原到白色的十字旁边的步骤一样，这个步骤能使白色的底面全部复原，同时白色面侧面的颜色还与该面中心颜色相同。

小灰调皮地冲方方眨眨眼，项圈上又多了一个徽章：

方方笑了。欣赏完美景的方方并没有松懈下来，他知道自己的使命，莫里克世界的其他地方还等着他呢，拯救莫里克世界的旅程，才刚刚开始。下一站是哪儿？可能是枫叶之都，也可能是热带雨林。方方回到木屋，和奶奶道别，毅然决然地踏上了新的征程。

练习题

1. 下面哪个魔方被成功定位？（　　）

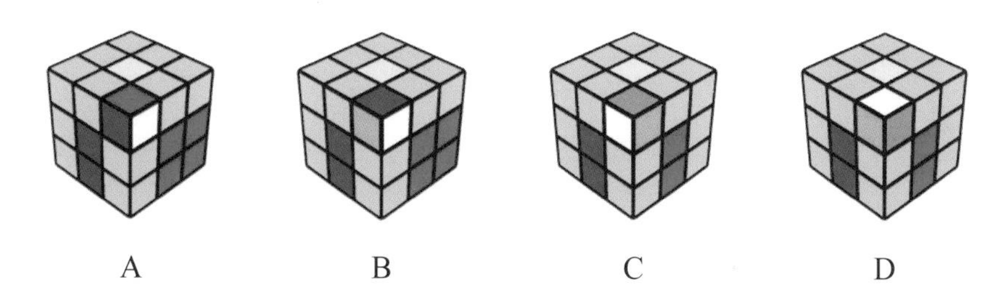

A　　　　B　　　　C　　　　D

2. 跳跳遇到了图中的情况，它是魔方课堂中讲到的哪种情形？请向跳跳解释你的解法吧。

操作步骤：____

3. 粗心的跳跳复原了魔方的白蓝红角块，但它显然又犯了错误。你能帮跳跳正确复原白蓝红角块吗？请将你的操作写在下面的横线上，并解释这样做的理由。

提示：转体字母表达式。

y：表示魔方整体向左转动，即将右侧面朝前。

操作步骤及理由：________________________________

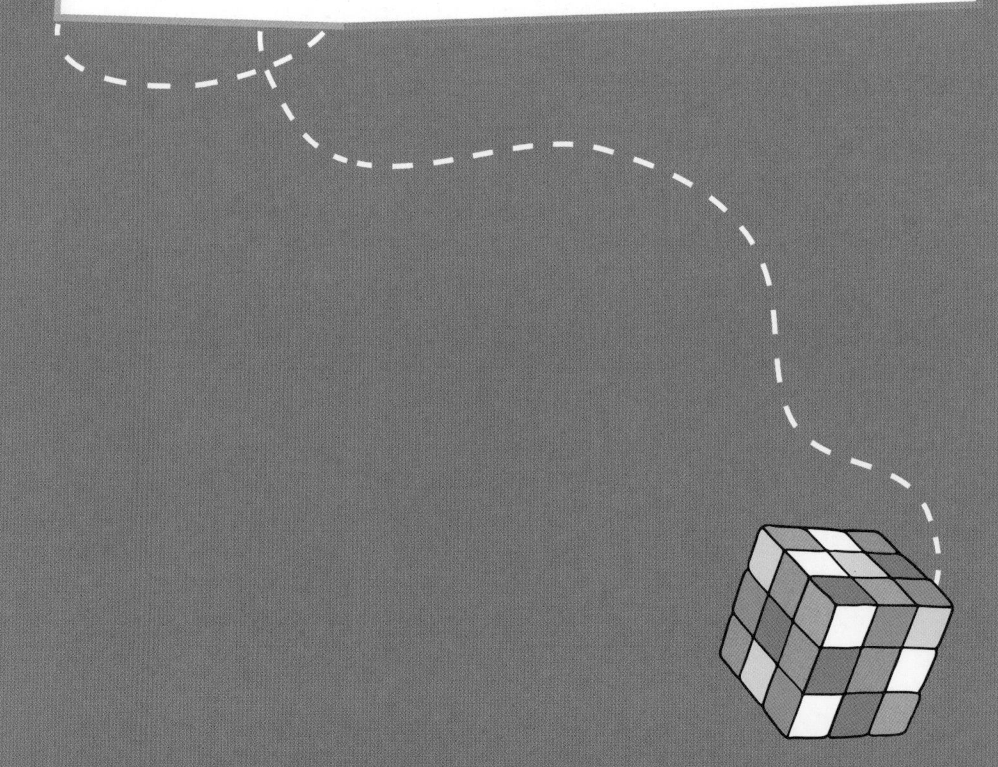

第5章

寻找双色灵石

离开雪国，方方继续前行，艳阳高照的天空，突然被朵朵黑云覆盖，眼看要下起雨来，方方一行赶紧跑到最近的一个洞窟，准备避雨。一阵冷风吹来，洞窟里响起一个低沉而傲慢的声音："小东西，就凭你，还妄想拯救世界？"方方一惊，环顾四周，问："你是谁？魔王吗？"

"没错，就是我。小东西，我劝你还是趁早放弃吧，你所做的都是徒劳，我想毁掉莫里克世界就跟捏死一只蚂蚁一样简单。"

方方涨红了脸，大喊道："你不要再破坏莫里克世界了，你出来，我要打败你！"

魔王冷笑了一声："哼，想打败我？就凭你，自不量力的家伙！你有本事来黄金海岸吗？哈哈哈哈哈……"洞穴里回荡着魔王毛骨悚然的奸笑声。方方捏紧了拳头，"管你是什么魔王，我一定会打败你！"雨停了，踏着坚定的步伐，方方他们走出了洞穴。

可是究竟要怎样打败魔王呢？方方内心一片迷惘。越走越沮丧，连小灰都似乎感觉到了，突然一个声音对他说："孩子，别灰心。虽然你现在的法力还不足以和魔王对抗，但是，之前你找回了雪莲花的叶子，而且你已经把乾坤挪移术练得非常熟练了，说明你拥有打败魔王的潜能。但只会基础魔法是无法击败魔王的，现在你需要进一步提升自己的功力。"

"是天神爷爷！"方方一阵惊喜，"天神爷爷，我该怎么做呢？"

天神笑了："方方，别灰心！你现在的任务就是找到莫里克世界的双色灵石。"

"什么是双色灵石？"方方急切地问。

"孩子，双色灵石是两地之精华共同孕育出的奇石，它总是出现在两个王国的边界，幻化它的土地一旦失去了灵石，就像花草失去了颜色，生命失去了魂魄，王国会轻易被黑暗力量攻破。魔王就是知道这一点，才夺走了中央四国的所有灵石，不知藏到什么地方去了。"

方方心领神会，刚才还沮丧的内心现在变得斗志昂扬："天神爷爷，您放心吧，我们可以做到！""去找双色灵石了！"跳跳急不可耐地蹦起来，一溜烟不见了踪影。小灰望着跳跳的背影，不禁叹了口气："记住双色灵石的样子了吗？你就出发了？”接着它回头对方方说：“我们去黄金海岸吧。魔族盘踞在那里，我相信在那儿一定能发现线索。”方方点点头，和小灰一起追上跳跳，朝黄金海岸的方向去了。

到了黄金海岸，他们找了很久，仍没有找到双色灵石，跳跳急得到处乱蹿，一边找一边问：“到底哪个才是双色灵石呢？是这个吗？还是这个呢？”

小灰摇了摇头，对跳跳说：“这些带金黄色的，不是中央四国的灵石。再耐心找找，肯定能找到的。”

“小灰，快来看！这个是不是我们要找的双色灵石？”远远的地方传来方方兴奋的呼喊声。小灰和跳跳赶忙奔过去，只见方方手中端着一块漂亮的彩石，染着枫叶之都的嫣红，还泛着海底世界的湛蓝，在一片金黄的世界中显得缤纷夺目。跳跳兴奋地跳了起来：“就是它！这就是我们要找的双色灵石！”

方方像往常一样，找到海底世界和枫叶之都的接壤处，用了自己非常熟悉的魔法，左上右下。和上次把三色叶子送回雪莲花旁不同，这次，不仅灵石停留在原地纹丝不动，而且以前被送回去的叶子因为魔法的影响脱离了花瓣。本以为非常轻松的事情，结果越弄越糟。方方感到十分困惑，又手足无措。跳跳焦急地问：“方方，接下来该怎么做呢？”

就在大家束手无策的时候，被方方用魔法移出的三色叶和双色灵石之间似乎产生了一些微妙的反应，慢慢向彼此靠近。不一会儿，三色叶和双色灵石就紧紧靠在了一起，形成一片长长的叶片，叶片的中间似乎还若隐若现地闪烁着双色灵石的光芒，有海底世界的蓝色，也有枫叶之都的红色。“方方，快用乾坤挪移术把这片大叶子送回去。”小灰提醒道。方方重新调整角度，一气呵成，把这片大叶片送到了雪莲花旁。“成功了！”三个小伙伴高兴地喊道。

突然，一阵狂风大作，飞沙走石，吹得人睁不开眼。等大风平息后，小灰最先发现了问题。“我们高兴得有点早。”它一字一顿地说。只见小灰的脚下，踩着一片蓝色的枫叶，方方很惊讶：“蓝色的枫叶，这怎么可能呢?”小灰对方方说:“我们去检查每一颗灵石吧，好像哪里出了问题。”方方赞同小灰的提议:“既然是蓝色的枫叶，说明是枫叶之都出了问题。”方方来到了枫叶之都，发现象征着海底世界的蓝色出现在枫叶之都，而本应该出现在枫叶之都的红色灵石却出现在海底世界，方方感到十分困惑。“一定是魔王搞的鬼，太过分了!”跳跳在旁边急得上蹿下跳。

方方双手叉在口袋里，眉头紧锁，突然手指碰到了口袋里的卡卡，那个老旧的魔方，方方一怔，拿出魔方，飞快转动了起来。“先把这个白色的块做‘上右下’拿出来，再用‘右上左下’放回去，我明白了!”方方自信地喊:“我来试试!”方方使用口诀上右下，只见融合了灵石的叶子被移了出来。“方方你在干什么!这可是我们辛辛苦苦做出来的成果啊!”跳跳急了，跳到方方旁边咬着他的裤脚，极力阻止。

方方却眼神坚定，动作一气呵成，突然，灵石和叶子分开了，方方急忙把叶子送回原处，喊道:“小灰!”小灰心领神会，回到黄金海岸，去寻找那颗刚刚分离的灵石。找到灵石后，两人施展魔法，共同把灵石送到了正确的位置上。

四块灵石都被送回原处，方方坐在地上休息，看着自己的成果，颇有些自豪。跳跳蹿上方方的肩头，说:“我还以为有多难呢!没想到很简单嘛!”方方开心地说道:“那是因为我魔方玩得好!其实施法的过程和魔方有很多相似的地方!当然也谢谢你们的帮助。”

第 5 课　中棱复原

学习目标

✓ 能运用反向研究策略分析问题。

✓ 能使用字母标记魔方的转体。

✓ 能按需完成棱块翻色。

✓ 能复原中层棱块。

这节课我们学习如何复原中层棱块。

扫描二维码5–1，观看“中棱复原”教学视频。

5–1

操作讲解

操作成果

复原中层棱块，做出魔方前两层。

准备动作

棱块定位。

在魔方顶层找到一个不带黄色的棱块
再找到与这个棱块侧边相同的中心块

转动顶层
把找到的两个块拼在一起

定位成功后
会出现一个倒着的“T”字型

还原步骤

判断想要还原的棱块属于哪种情形，再按步骤还原。

右侧情形：棱块在顶面的颜色与右侧中心一致。

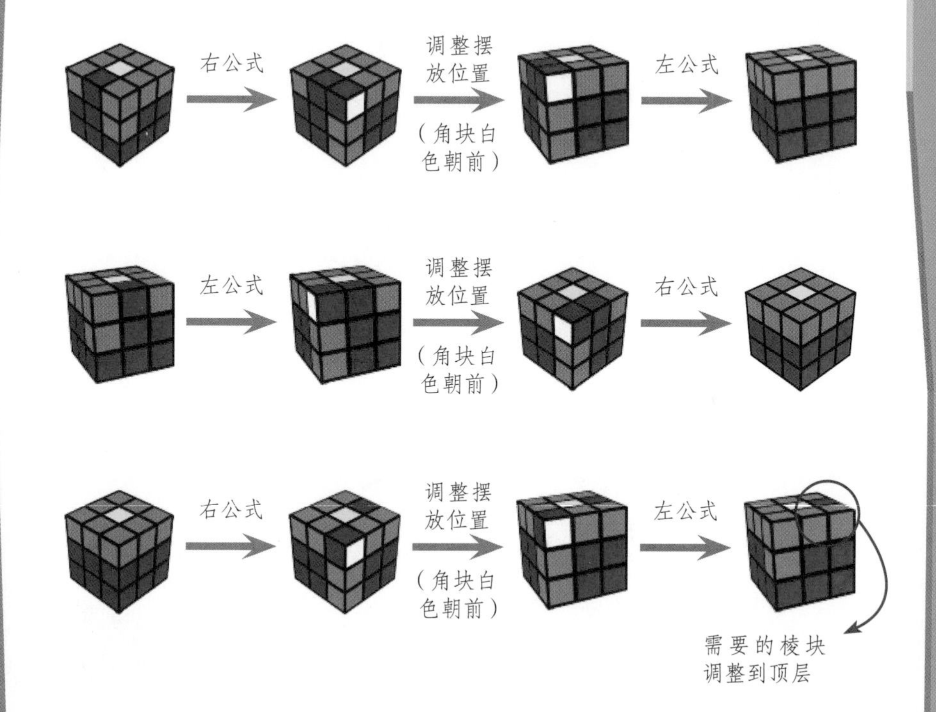

敲黑板

- 中棱和下方的底角是同时被复原的。
- 乾坤挪移术的两个功能分别是顶层拼棱和边棱替换。
- 复原中层有四个步骤，分别是：① 定位，② 顶层拼棱，③ 转体，④ 边棱替换。

小灰踱步到方方的身边，问方方："你觉得是谁搞的破坏?"方方不假思索地回答道："肯定是魔王！我一定要打败它！"方方暗下决心。

方方一行再次检查了所有灵石。确认无误后，才放心离去。"方方，你看！"跳跳喊。四颗灵石发出了四道光芒，小灰的项圈上又多了一个徽章：

此时，方方耳边响起了天神的声音："祝贺你方方！你不仅找到了灵石，功力也比以前进步了很多，再接再厉！接下来，前方还有更大的挑战，你准备好了吗?"

方方昂起头，坚定地说道："准备好了！"方方知道，这只是他和魔王的第一次交锋。战斗才刚刚开始。

练习题

1. 以下四种情形可用乾坤挪移术来调整。你需要判断接下来要做左手乾坤挪移还是右手乾坤挪移。请把答案填在括号中。

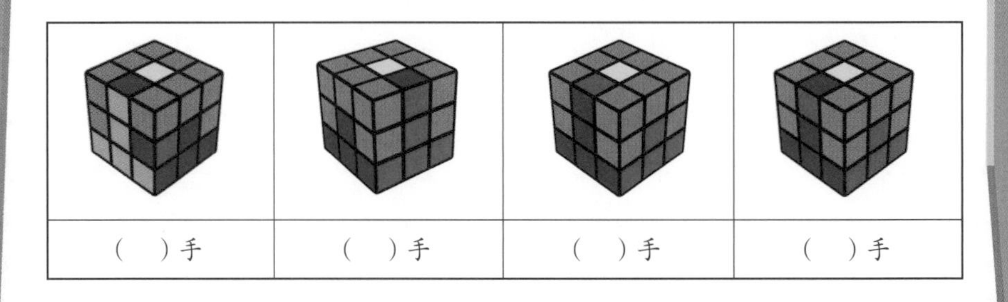

( )手	( )手	( )手	( )手

2. 心急的跳跳把魔方转成了下图的样子。

(a) 请在魔方上，圈出状态错误的魔方块。

(b) 在这种情形下，应该做哪些操作来矫正错误的魔方块呢？

操作步骤：________________

3. 多选题：在复原中层棱块前，要先做定位，以下哪些情形是正确定位的情况？(　　)

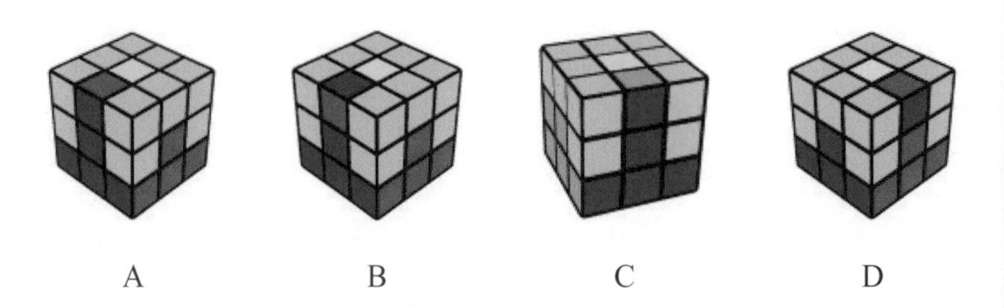

A　　B　　C　　D

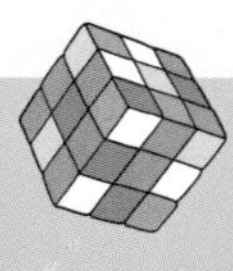

十字神坛

方方一行再次来到黄金海岸，此时的黄金海岸笼罩在灰暗之中。方方不由得伤感，突然，空中一只黑色的独眼秃鹰俯冲过来一把抓起跳跳，朝黄金宫殿飞去。“方方救我！小灰救我！”跳跳疾呼。方方环顾四周，没有发现通往黄金宫殿的路，只能目睹这只秃鹰越飞越远，最终消失在方方的视野里。

方方急忙掏出卡卡，施展乾坤挪移术。随着一束光的出现，天神站在方方面前，“天神爷爷，跳跳被抓到黄金宫殿去了，怎么办？”方方急切地问。“孩子，通往黄金宫殿的桥梁被魔王破坏了，他设立了一个结界，一般人是无法自由进出的。”方方急了：“那怎么办？我必须去救跳跳。”天神想了片刻，说：“还有一个办法，我有个得力的助手叫码粒，它就住在黄金海岸的地下城。”方方眼前一亮，说道：“原来您和码粒是旧相识呀，此前我修复雪莲花的时候还多亏码粒的帮助呢！”

说罢，天神用魔方神杖连敲地面三下，从地里冒出一只头戴海盗帽的小鼹鼠：“天神大人，好久不见！嘿，方方，小猫咪，我们又见面了！松鼠呢？它在哪儿？”方方难过得低下了头：“我们刚到黄金海岸，魔王的秃鹰就把它抓到黄金宫殿去了，但是通往黄金宫殿的桥被毁了，我没办法进去救跳跳。”

码粒听完，狡黠一笑：“很简单，方方，既然地上进不去，我们就从地下进，挖地道可是我码粒的拿手好戏！跟我来。”说罢，码粒纵身跳入洞中。

方方望向天神：“天神爷爷，您要跟我们一起去吗？”天神笑了笑，说：“方方，有码粒在，你们尽管放心去吧。”说完，便消失在众人的视野中。

方方跟着码粒跳入洞中，地下的景象着实让方方大吃一惊。地底通道纵横交错，俨然一个地下城。码粒让方方跟它走，边走边对方方说：“当初，天神知道魔王还会卷土重来，便早早让我在地下修建了这座地下城，当时魔王入侵黄金海岸的时候，天神为了掩护居民撤退，孤身一人对抗魔王，最后身负重伤。”方方听了不禁动容，在心中为天神竖起了大拇指。

方方一行在码粒的带领下，曲折辗转，来到一个十字神坛前。码粒告诉方方：“这是天神当初设下的秘密通道，这个神坛由四个方位的小祭坛和一个主祭坛构成，只要同时点亮四个方位小祭坛上的魔方，就能开启通道进入黄金宫殿。但是，它的解锁方式比较复杂。”码粒指着十字神坛，继续说道：“你们看，目前这些小祭坛都没有被点亮，我们可以先选择一个祭坛，顺时针扭动开关，便会弹出一个魔方锁。”

说罢，码粒扭动开关，魔方锁弹了出来，接着码粒做出左上右下的手势，方方呆住了：这不就是乾坤挪移术吗？只见在乾坤挪移术的作用下，魔方锁咔咔转动起来，两个昏暗的小神坛若隐若现地闪耀出黄色的光芒。“方方，别忘了最后一步，关开关。”只见码粒把开关逆时针关上，魔方锁也跟着消失了。随后，面前的祭坛和对面的祭坛开始闪烁着黄色的光芒。

“那我们是不是再去另一个没被点亮的祭坛前，重复一次刚才的操作

就可以把这个祭坛全部点亮了？”方方跃跃欲试，跑到一个还没有点亮的角上顺时针扭动开关，像码粒一样进行了乾坤挪移术的操作。但是在进行操作的时候，方方发现了异常。这个祭坛没有想的那么简单，虽然方方对面的祭坛开始闪现黄色的光芒，但是方方右手边原先被点亮的祭坛的光芒却在逐渐减弱。祭坛并没有如愿被点亮，方方一脸茫然，不知自己哪一步做错了，便准备关闭开关让码粒来操作。

码粒安慰道：“别急着关开关，方方，因为十字神坛是通往黄金宫殿的唯一通道，当初为了保护这个通道，我们设定了复杂的保护程序，不能让人轻易破解，你刚刚做得没错，但是因为现在你面对的是第二重保护，所以做一次乾坤挪移术是不够的。你可以试试再做一次乾坤挪移术，看看神坛会有什么变化。”

方方按码粒方法，继续进行了一次乾坤挪移术，再把魔方锁关上。奇迹出现了，四个方位的祭坛全部被点亮了，主神坛正中心的魔方开始闪耀光芒，光芒中，出现了一段通往高处的阶梯。

光芒照亮了小灰的项圈，一个新徽章出现了：

第6课 顶棱翻色

学习目标

✓能按照魔方公式进行旋转操作。

✓能辨识公式中的脚手架设计。

✓通过设计实验，对可能的解法进行检验。

✓能复原顶层棱块。

从这节课开始，我们来复原最后一层。

扫描二维码6-1，观看“顶棱翻色”教学视频。

6-1

操作讲解

操作成果

暂时不考虑角块，顶面棱块和中心块均为黄色。

准备动作

不同的情形按照如图位置摆放，图中蓝色面朝前。

还原步骤

判断想要还原的棱块属于哪种情形，再按步骤还原。

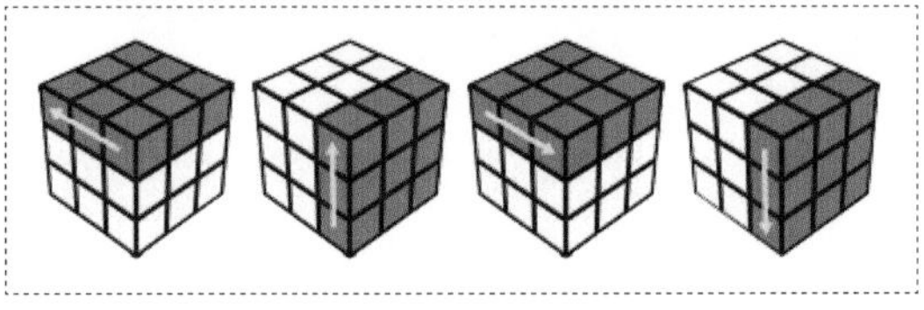

顺　　　　右公式　　　　逆

下图中蓝色面朝前即为魔方正确摆放后的样子。

顶面情形状态变化：

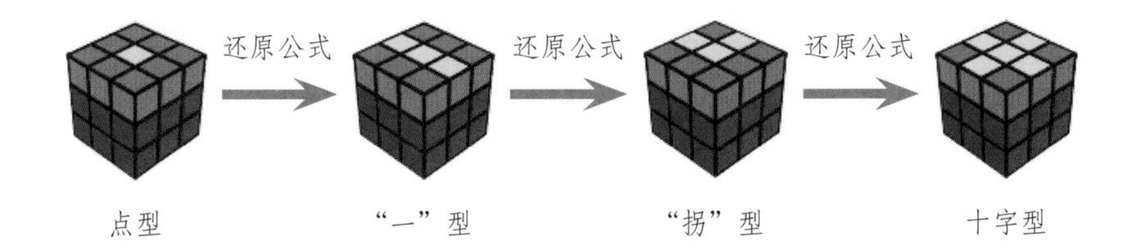

点型　　　　“一”型　　　　“拐”型　　　　十字型

点型：只有中心块是黄色、顶面四个棱块都不是黄色。

“一”型：中心块是黄色、中心块左右两个棱块是黄色。

“拐”型：中心块是黄色、两个黄色棱块正确摆放后会组成形状类似于时钟上的“9∶00”，因此，拐型也被称作“9∶00”型。

敲黑板

- ✓乾坤挪移术是最基本的公式之一，用乾坤挪移术能够变换出很多其他的公式。
- ✓给公式搭配脚手架，是变换公式的常用办法。搭配不同的脚手架，会得到不同的公式。

码粒对方方说：“看到那束光了吗？走进去就能直达黄金宫殿！我就送你们到这儿了，黄金宫殿守备森严，你们务必多加小心。”

方方谢过码粒，和小灰毅然决然踏进了光束，心中默念着：“跳跳，等我来救你，你可千万不能有事啊。”

练习题

1. 下图中，哪个是做顶层十字时会遇到的“一”字型？（　　）

A

B

C

D

2. 粗心的跳跳把魔方摔坏了，它把魔方重新组装后，出现了下面的情况，你觉得它装得对吗？

我认为跳跳装（对/错）了。

因为：

____

3. 让大写字母F表示将前层做顺时针旋转，让小写字母f表示将前两层做顺时针旋转。

课上学过，公式FURU′R′F′用于将顶层十字复原。这个公式中，F是搭建的支架，F′则把支架拆除。如果把支架由F替换成f，会得到一个新的公式。请写出新的公式。试一试，这个新的公式有什么作用？

新公式：______________________________

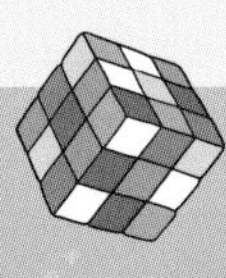

封魔神剑

转眼之间，方方和小灰来到了黄金宫殿，码粒告别前一再叮嘱：找到魔方守护精灵，得到封魔神剑。可是精灵会在哪儿呢？

正想着，只听到小灰说："方方快看！"方方扭头，看到小灰指着一堆魔方，这堆魔方中间插着两把月牙形的剑。

方方兴奋地对小灰说："这一定是封魔神剑了，我们快去取走它！"说完，奔着剑就冲了过去。正当方方准备拔剑时，却听到一声断喝。

"住手！你们是谁？为什么要来偷神剑？"方方赶紧把手收回来，循声望去，只见魔方堆里冒出一个小脑袋，方方说道："你就是守护精灵吧，我是方方，码粒告诉我，只有用封魔神剑才可以打败魔王。"守护精灵对方方说："我不能轻易把神剑交给陌生人，谁知道你们是不是魔王的帮凶。只有能通过考验的勇士，才有资格拥有神剑。"方方不假思索地问道："什么考验？我一定可以通过。"守护精灵从魔方堆中拿出两个魔方，对方方说："把这两个魔方的黄色面复原吧，但不可以破坏底层和中层。"方方仔细观察了一下魔方，笑着说道："这不就是魔方里的左小鱼和右小鱼吗？瞧好了！"一眨眼的功夫，方方便按要求复原了魔方的黄色面。只见两个魔方化作两道光束，分别注入了两把剑中。守护精灵朝方方竖起大拇指："方方，你表现得很出色，但这只是热身任务。现在我送你去修道场，去接受真正的勇者修行。如果你能通过所有修炼任务，你就能获得神剑的认可。"

方方还没有回答，小灰开口道："方方，我们需要脚踏实地，先提升自己能力，再想办法得到神剑的认可。""嗯。"方方点了点头，对守护精灵说："精灵，那我们开始吧。"守护精灵让方方闭上眼睛，念起了咒语。待方方睁开眼睛，眼前已经是一个战场。守护精灵说道："方方，你的任务是打败对面所有穿着金盔金甲的敌人。它们的队伍里有进攻凶悍的坦克兵、插着翅膀的飞行兵，以及精通治愈术的十字兵，只要你能够使用你手中的封魔神剑打败它们，那你的能力就得到了提升。当心，它们的实力可不弱。"说罢，守护精灵便消失了，只留下了方方和小灰在战场中央。

方方俯下身来，对小灰悄声说："我们先打败十字兵，否则他们会一直为队友疗伤。接着再收拾坦克兵，最后处理难缠的飞行兵，怎么样？"小灰点了点头。他俩潜入医院，悄悄来到十字兵身后，趁其不备，一剑向他砍去，然而十字兵并没有消失，反而摇身一变，成了凶悍的坦克兵。方方心中暗想：这个修炼没那么容易。他向小灰使了个眼色，急忙向医院外逃了出去。

摆脱了坦克兵的追击，小灰停下脚步，说道："方方，你有没有觉得这些敌人很眼熟，十字兵、坦克、长翅膀的飞行兵……""是魔方顶面的不同情况！"方方恍然大悟："我手中的双剑就是用小鱼公式得来的，所以这两把剑分别有左小鱼和右小鱼的作用，我明白这次修炼的意义了！"

"只有我们用正确的剑法刺到敌人的要害，才可以战胜他们，对吧？"方方嘴上问，心里早已有了答案。小灰默默地点了点头，两人重新鼓起斗志，再次潜入医院。只见方方瞅准时机和位置，挥舞着右剑左剑，敌人一个接一个地倒下。

第 7 课 顶角矫正

学习目标

- ✓ 能辨识角块的色向。
- ✓ 掌握解析公式的方法。
- ✓ 能设计顶角翻色的策略。

这节课我们学习如何复原顶面。

扫描二维码7–1，观看“顶角矫正”教学视频。

7–1

操作讲解

操作成果

顶面全部为黄色，暂时不考虑侧面颜色。

左小鱼

右小鱼

还原步骤

小鱼情况：

当顶面是小鱼情形时，先判断顶面情形属于哪种小鱼，再按步骤还原。

右小鱼公式（右手）：

使用完右小鱼公式后，摆放正确的右小鱼情况会变成复原的黄色面。

上左下左　上左左下

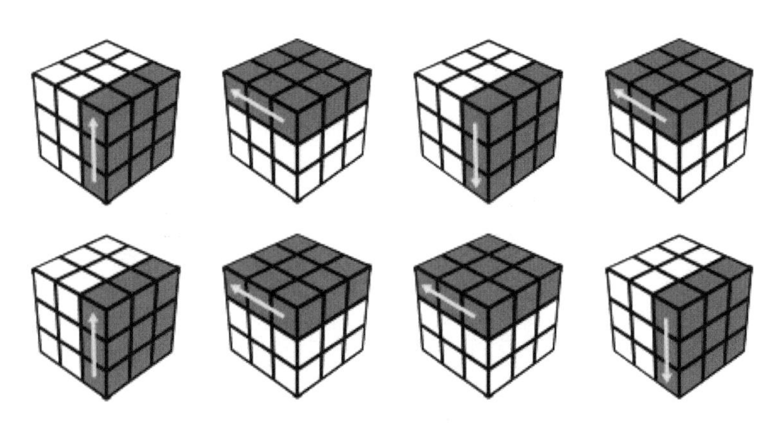

左小鱼公式（左手）：

使用完右小鱼公式后，摆放正确的右小鱼情况会变成复原的黄色面。

上右下右　上右右下

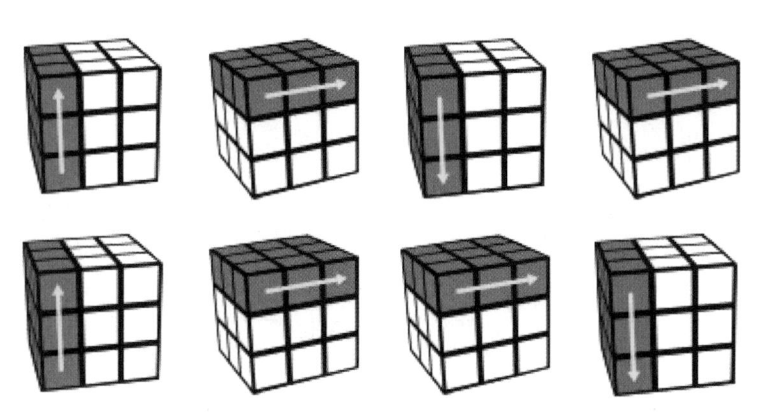

非小鱼情况：

当顶面不是小鱼情形时，将魔方顶面位置摆放正确后，使用右小鱼公式就可以将顶面变成小鱼型。非小鱼情形包括了十字情形、坦克情形和双鱼情形。

十字情形

正确摆放时，两个在同一面的黄色角块朝左摆放。

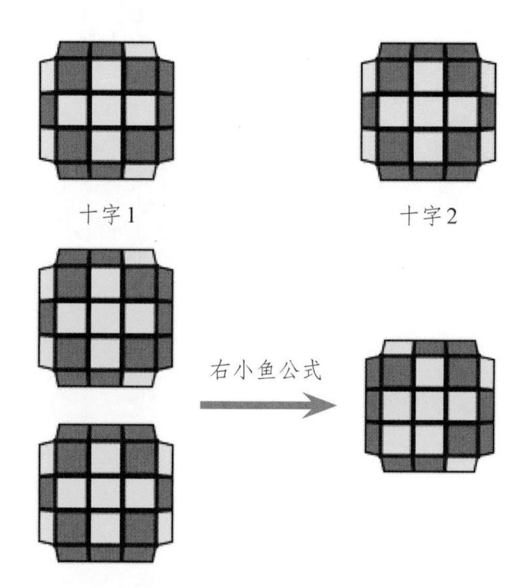

坦克情形＆翅膀情形

正确摆放时，面前的左上角位置是黄色角块。

翅膀型

坦克型1

坦克型2

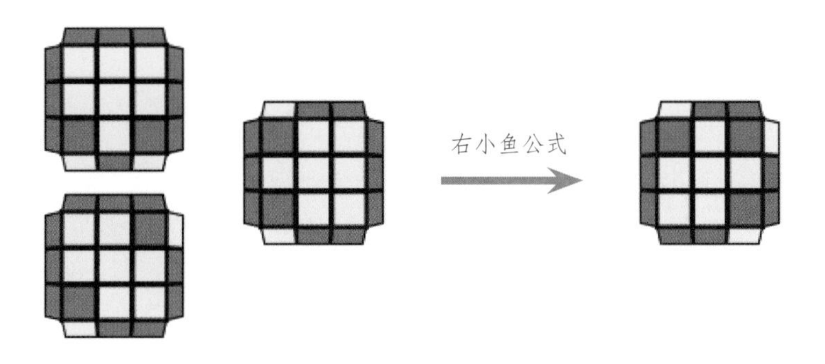

敲黑板

- 小鱼公式用于矫正顶层角块的色向。
- 当顶面呈现小鱼图案形态时，可以用左右小鱼公式复原。
- 其他的图案形态，可以用左右小鱼公式转换成小鱼形态。
- 解法：

第一步：确认顶面图案形态。

第二步：如果是小鱼图案，用正确的小鱼公式解决。

否则，分析应以哪个角为鱼头，做左小鱼还是右小鱼？

第三步：如果顶面没有复原完成，跳转到第二步。

方方和小灰回到守护精灵的房中。“我们完成修炼了吗？”方方问道。守护精灵鼓掌说道：“恭喜你，方方，现在你已经能够掌控封魔神剑了，接下来，我教你如何切换强化攻击、飞行、治疗术这三种能力。可是想要得到神剑的认可……”方方笑着说道：“没关系，我会带着神剑继续努力，总有一天它会认可我的。谢谢你守护精灵，经过这次修炼，我终于理解了爷爷以前常说的那句话，‘殊途同归，万法归宗’。这次面对这么多不同的敌

人，刚开始我有点手足无措，但是想起爷爷的这句话，我发现其实战胜他们的方法是一样的！复原魔方也是这样！”

守护精灵看着这个稚嫩而又坚毅的小男孩，心里感慨道：“他和降魔者真像呀！”

忽然神剑发出一道光束，光束射到了小灰的项圈上，只见小灰的项圈上又多出了一块徽章：

此时的方方还不知道怎样才能被神剑认可，但是，方方知道，他和魔王决战的日子，越来越近了。

练习题

1. 对下面的各种情况做右小鱼公式，会得到五种情形中的哪一种？

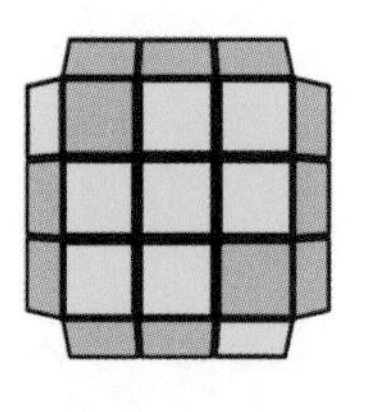

情形（　　）

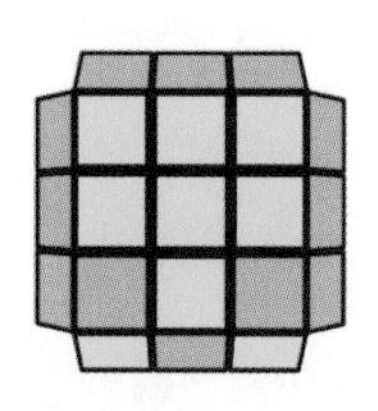

情形（　　）

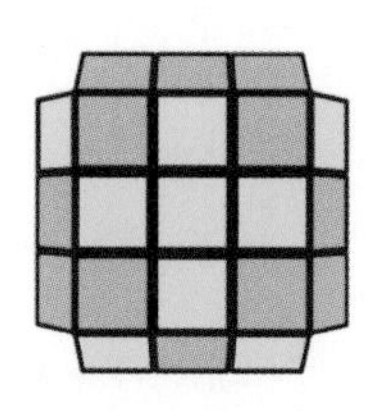

情形（　　）

情形（　　）

2. 如果想用一次小鱼公式把情形③变成情形②，需要对情形③：

（a）做怎样的转体操作？

（b）使用左小鱼还是右小鱼？

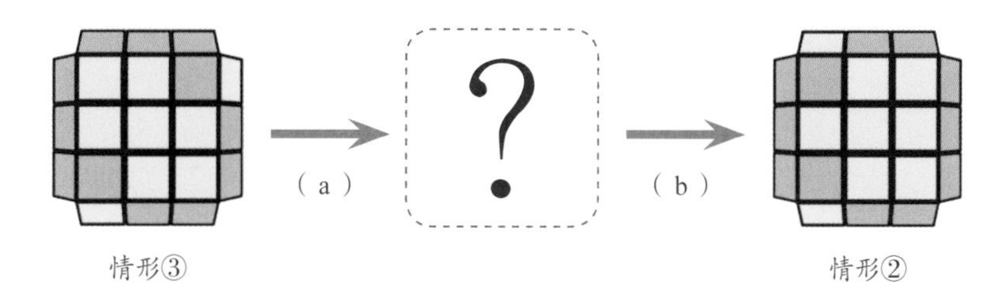

3. 多选题：对一个顶面的复原的魔方做这个公式：F URU′R′ URU′R′ URU′R′ F′就可以把魔方打乱成这个样子。

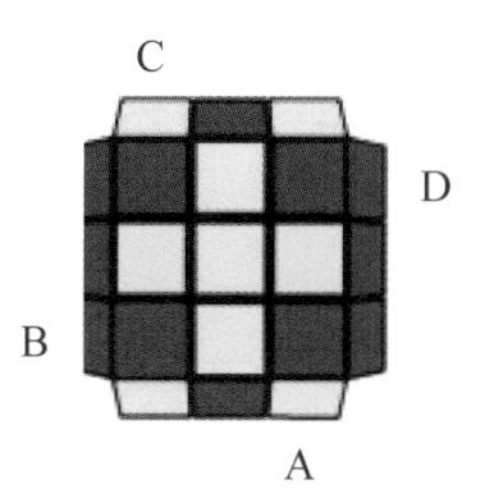

对于这个十字型来说，从哪个方位做右小鱼公式可以使魔方变成小鱼型？（　　）

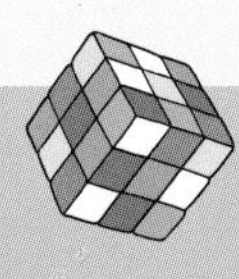

方方的回忆

方方双手捧着封魔神剑，仔细端详：这是两把锋利的月牙形剑，剑柄的尾部刻着魔方图案。方方在心里问自己："究竟怎样才能让它认可我呢？如果爷爷在身边，他一定会告诉我怎么做的。"

小灰似乎看到了方方的内心："方方，你是不是想爷爷了？"方方点点头，说道："小灰，还记得在冰雪之城，我做的那个梦吗？"小灰摇了摇尾巴说："记得，梦里爷爷教你乾坤挪移术。"

方方说："爷爷一定知道如何得到封魔神剑的认可，如果现在他在我身边就好了，我好想爷爷啊。"

方方把封魔神剑放下，低下头，快速抹去眼眶里打转的眼泪。

小灰蹲在方方脚边，蹭他的脚，不知说什么好。

方方顺手拿起桌上的一个魔方，漫不经心地转动。"下一步叫顶角归位，当时学这个步骤的时候，爷爷还特地带我出去玩呢。"方方自言自语，眼前出现了两年前的场景。

两年前

"方方，今天我们要学魔方复原的倒数第二步，顶角归位，这个步骤是复原魔方过程中最难的步骤，不过，爷爷相信你一定可以学会的。不着急，我们先出去玩，好不好呀？"爷爷笑着问方方。

"好呀好呀，方方最喜欢和爷爷出去玩了！"方方高兴地跳了起来，一把抱住了爷爷。

"爷爷，我们去哪儿玩？"爷爷说："去向日葵公园吧！"爷爷的话音刚落，方方一脚就跨出了门。

公园里，大片向日葵泛着金黄的光芒，爷爷带着方方玩了摩天轮，拍了帅气的照片，度过了一个欢乐的下午。

回家后，方方对爷爷说："爷爷，我们什么时候学魔方呀？"爷爷乐了："聪明孙子，还记得要学魔方，好样的！"说罢，爷爷拿出两个魔方，方方抓起一个："爷爷，我先给你表演前几个步骤吧，我练得可好呢！"看完方方的操作，爷爷笑了："方方真棒！学得这么好，爷爷很开心。在开始今天的学习前，爷爷要交给你一个任务，希望你把今天在向日葵公园玩的经历写在日记本上，写得越详细越好哦！”方方乖乖地点点头，拿出笔和日记本，写道：

8月20日　　星期六　　　　晴

今天，艳阳高照。一早，爷爷说要教我魔方复原的步骤——顶角归位，奇怪的是，爷爷并没有立刻教我，而是带我去向日葵公园游玩。向日葵公园很好看，像一片黄色的海洋，我被公园的美景深深地吸引了。在向日葵公园，我最喜欢坐摩天轮，在摩天轮上能够饱览公园美景，好爽！

一到公园，我就拉着爷爷到摩天轮前排队。导游正介绍摩天轮：这个摩天轮高100米，坐在摩天轮上，可以看到向日葵公园的全景，还能看到城市一角的样貌，它会带给你一次难忘的体验。摩天轮缓缓转动，我却越来越急，真想早点坐上摩天轮，一睹高空的美景。

终于轮到我们了，我迫不及待地拉着爷爷钻入了座舱。随着座舱逐渐升高，我也越来越兴奋，心想：究竟空中的景象会不会像导游说得那么美呢？好期待呀！终于，我们到达了摩天轮的最高点，我被这壮丽的景象震撼了。底下密密麻麻的向日葵翻涌着金黄的波浪，车水马龙的城市变得格外渺小。我兴奋地拍下好多张照片。座舱开始缓缓下降，我的心情却始终无法平复。到地面后，爷爷带着我打开了座舱的门，离开了摩天轮。

之后，我又去玩了碰碰车，在向日葵前拍了照，但是我始终无法忘记摩天轮上的景色。离开公园前，我缠着爷爷又去坐了一次摩天轮，此时已是黄昏，落日的余晖洒在公园里，又是一幅截然不同的美景……

写完日记，方方兴奋地去找爷爷。“爷爷，日记写完了，我们来学魔方吧。”爷爷看了方方的日记，笑呵呵地说：“果然方方最喜欢的是摩天轮，我们接下来学的步骤和摩天轮关系很大。”方方好奇地问：“魔方复原和摩天轮有关系吗？”爷爷掏出魔方，说：“瞧好吧！”

“只有在摩天轮的最低点才能进入座舱。座舱中的游客从里面出来，新的游客再进去，我们可以认为他们在最低点交换了位置。”方方仔细想了想，说：“的确是这样的！”“每当摩天轮转动半圈，原本在最高点的人就会降到最低点，和新游客交换位置后离开座舱。在魔方里也是一样的。”爷爷边操作魔方，边讲解，“我们是在向日葵公园玩的摩天轮，要把黄色顶面对着自己，把底层当作摩天轮。当进入座舱时，其他游客正在有序地排队等待，然后摩天轮会把我们升到最高点，而原本在最高点的游客就降下来了。等待的游客再和座舱中的游客在最低点交换位置，周而复始。”方方在心中默默回想这个过程，这个交换过程一定是魔方的复原步骤。爷爷刚刚提到了三拨人，一拨是我们自己，一拨是原先在摩天轮上的人，还有一拨是在排队的人，这三拨人应该代表了魔方中的三个块。方方掏出魔方：“既然底层是摩天轮，最低点的交换位置应该是在底层，最高点应该是在顶层……”看着正在琢磨的方方，爷爷在一旁微笑不语。不一会儿，方方就推演出了顶角归位的步骤。

第 8 课　顶角归位

学习目标

✓ 能验证公式是否是转换机。

✓ 能辨识转换机中的缓冲机。

✓ 能将顶层角块归位。

8-1

这节课我们学习如何使顶层角块归位。

扫描二维码8-1，观看“顶角归位”教学视频。

操作讲解

操作成果

顶层角块归位，暂不考虑棱块。

准备动作

1. 找到“眼睛”并把“眼睛”摆放到右侧，若无“眼睛”则跳过这个准备工作。

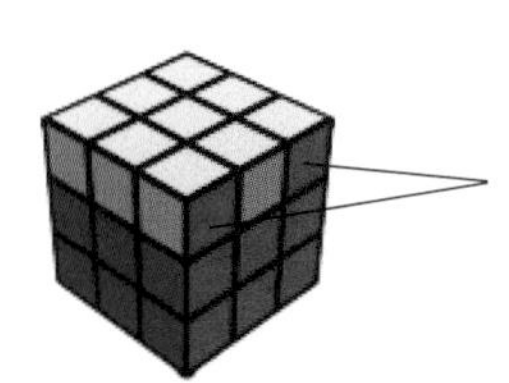

2. 黄色面面朝自己摆放。

操作公式（捉迷藏公式）

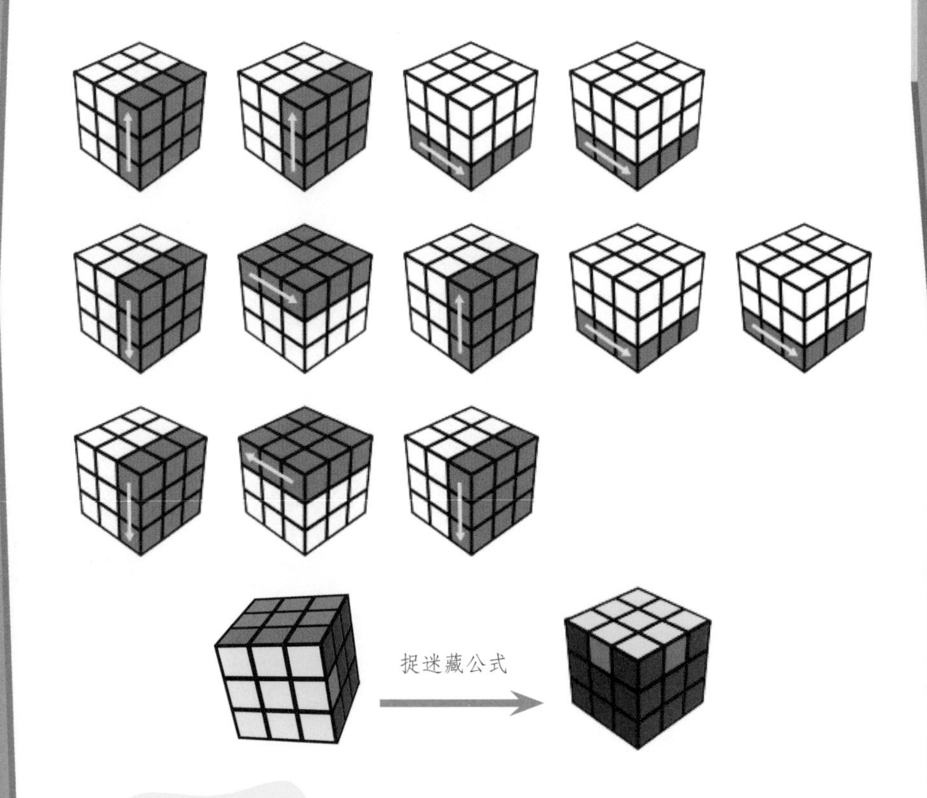

敲黑板

✓只要记住方方和爷爷乘坐摩天轮的故事，顶角归位的步骤就很容易记住了。

✓使用顶角归位时需要将顶面朝向自己，并将两个同色角块放在右面。

✓如果同一面上没有两个同色角块，则只需要把黄色面朝向自己再做顶角归位步骤，做完之后就会有一个面上出现同色的两个角块。再将它正确摆放，操作顶角归位公式即可完成此步骤。

“方方，你怎么哭了？”小灰的声音把方方拉回到眼前，方方一只手握着卡卡，一只手去拭眼泪，但是对爷爷的思念让他抑制不住泪水，眼泪滑过脸颊，一滴滴落在封魔神剑上。

剑柄的魔方被眼泪浸湿了，渐渐地魔方开始发光，越来越亮，此时，方方手中的卡卡变得金光闪闪。方方顾不上继续擦眼泪，不由得去转动卡卡，令人吃惊的是，每完成一个步骤，神剑的光芒似乎就耀眼了几分。

守护精灵见到这一变化，也十分吃惊，说道：“恭喜你方方！神剑已经准备好跟你一起并肩作战了！剑柄魔方激活了你手中的卡卡，现在你可以通过操作卡卡去操控神剑。”方方拿着卡卡，情不自禁地开始做“乾坤挪移术”的步骤。只见两把神剑像收到命令一般在空中飞舞。“方方，你试着把顶面做成翅膀型，看看有什么效果。”守护精灵提醒道。方方快速地将顶面转成翅膀型，此时，方方感觉自己的身体越发轻盈，轻轻一蹬便能跳得很高。将顶面转成坦克型，方方感觉到空中飞舞的神剑越发有力。方方忍不住将卡卡打乱，一边复原，一边观察神剑的轨迹。“乾坤一式，乾坤二式，乾坤三式……原来招式越复杂，神剑的进攻也越厉害。”

忽然，神剑射出了一道光芒，连小灰脖上的项圈也变得闪亮起来，项圈上又多了一枚徽章：

“走，让我们一起迎接最后的决战吧！”方方拿起封魔神剑，自信满满地打开门。他知道，决战的日子，终于要来了。

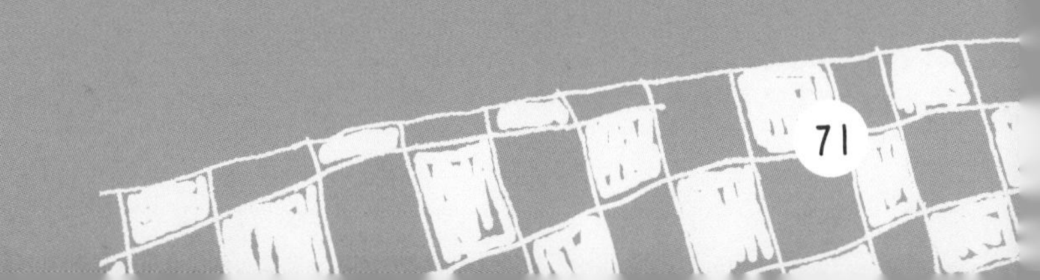

练习题

1. 在做顶角归位公式时顶面摆放方向正确的是？（　　）

   A. 将顶面面向自己　　B. 将顶面面向右侧

   C. 保持顶面朝上　　D. 将顶面面向左侧

2. 请用你的魔方操作一下顶角归位公式，用箭头表示一下顶角归位公式会怎样调整角块的位置。

第9章

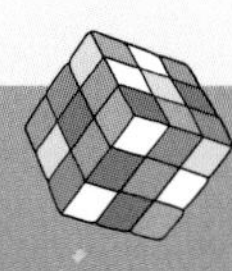

魔王的阴谋

“魔王大人，方方他们已经在宫殿里了，我们要不……”魔王冷笑着打断了独眼秃鹰的话：“嘿嘿，他们一定会去救那只小松鼠，我们制定一个计划，让他插翅难逃。”秃鹰问道：“魔王大人想怎么做呢？”

“秃鹰，我们来个苦肉计，引方方去监狱救那只松鼠，等他进了门，我再把门关上，嘿嘿，那时，我来个瓮中捉鳖，这样他就逃不出我的手掌心了，哈哈哈哈哈！”秃鹰听完，不禁扑腾翅膀对魔王说：“真不愧是魔王大人！”

魔王转动手指上的魔方指环，秃鹰突然掉了几根羽毛，伤口还在往外流血，魔王笑着对秃鹰说：“这样就显得更真实了。去吧！我的宝贝秃鹰。”秃鹰强忍着痛，张开翅膀，飞出魔王的房间。

此时，方方和小灰在宫殿里迷失了方向，他们不知道跳跳在哪儿，魔王在哪儿，甚至不知道如何走出去。隐约中有声音传来：“救我，救我！”循声而去，一只秃鹰倒在地上，奄奄一息。小灰叫起来：“这不是那只叼走跳跳的秃鹰吗？”方方警惕地往后退了一步，小灰说：“小心，可能会有陷阱。”

秃鹰虚弱地开口：“救救我，魔王差点杀了我。”方方很疑惑：“魔王不是喜欢你吗？怎么会对你这么狠心？”秃鹰说：“因为我没把你带到他面前，只抓了一只不重要的松鼠，他觉得我没用，就对我下了毒手。”小灰弓起背，低声说：“我们凭什么相信你？”秃鹰说：“我可以带你们去救松鼠，我知道它在哪里。”小灰将信将疑，看到秃鹰流血的伤口，便对小灰说：“我们还是先帮它包扎一下吧。”小灰警觉地说：“这也许是个陷阱，不要理它。”方方说：“从小爷爷教我要乐于助人，虽然它是我们的敌人，但它现在伤得很重，还是先救它吧。毕竟我们有封魔神剑，也不用害怕一只受了伤的秃鹰。”小灰耷拉下尾巴，对秃鹰说：“说好了，我们救你，你要带我们去找跳跳！”秃鹰虚弱地回答：“好。”

方方从自己的衣服上撕下两个布条，给秃鹰包扎了伤口。秃鹰试着振了振翅膀，飞了起来，方方提醒它：“别忘了你答应我们的事！”秃鹰一边飞一边说：“跟我来！”方方和小灰紧随其后。

兜兜转转，他们来到一扇门前，门的两个把手上各拴着一个魔方锁。魔方锁在不停地自转，一个顺时针转，一个逆时针转。秃鹰解释道："被抓回来的人都被关在里面，只有打开魔方锁，才能打开门，我答应你们的都做了，至于怎么破解魔方锁，我就不管了，我要逃离这里，有缘再见吧！"说完，秃鹰转身飞去。

"真是个奇怪的家伙。"方方小声嘀咕。但是现在无心考虑其他，方方一心想打开大门，把跳跳救出来。两个魔方锁不停地自转着，"怎么办？"方方急得来回踱步。明明拯救跳跳只有一步之遥，却被这两个坚如磐石的魔方锁难倒了，方方满头大汗。

"方方，冷静下来，或许我们可以试试神剑，正确地使用它，一定可以发挥出它的作用。"小灰提醒方方。"正确地使用神剑……"方方深吸了一口气，回忆起此前修炼过程中使用神剑的情形。"对了，在面对坦克兵、飞行兵的时候，我们都是找到了合适的角度才把他们打败的，现在要想解开这个魔方锁，应该也要找到合适的角度吧，可是在哪儿呢？"方方目不转睛地看着这两个不停转动，看似完美无缺的魔方锁，突然方方看到有几个面的棱块上出现了细微的裂痕。"找到了，就是这儿，顶层有三个棱块有裂痕。"小灰跳向另一个魔方锁，说道："这个魔方锁上也有裂痕。"

"顶层的三个棱块，顺、逆时针……"方方突然醒悟过来："我明白了，它们的破绽就在这儿。我只要把这两个魔方锁想象成顶棱归位的顺、逆时针情形，再用我手中有着小鱼力量的封魔神剑就可以把它打开了！"方方找准时机，从剑鞘中抽出封魔神剑，左一剑右一剑，只听"啪嗒"一声，魔方锁掉在地上。紧接着，方方一鼓作气，打开了另一把魔方锁。

第 9 课　顶棱归位

学习目标

✓ 能理解三棱换公式原理。

✓ 能将顶层棱块归位。

这节课我们学习如何复原顶层棱块。

扫描二维码9–1，观看“顶棱归位”教学视频。

9–1

操作讲解

操作成果

全部复原。

还原步骤

1. 将除了白、黄之外复原的面朝后摆放，如果没有则跳过这步准备工作。

2. 根据不同情形使用小鱼公式复原魔方。

情形1：顺三棱换，指的是三个棱块进行顺时针交换后魔方可以复原。

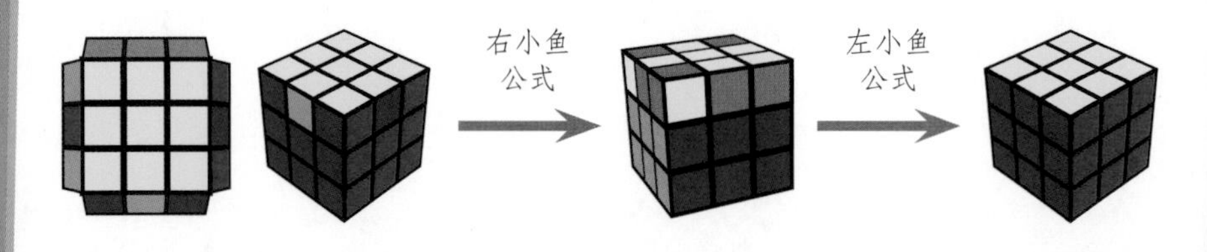

情形2：逆三棱换，指的是三个棱块进行顺时针交换后魔方可以复原。

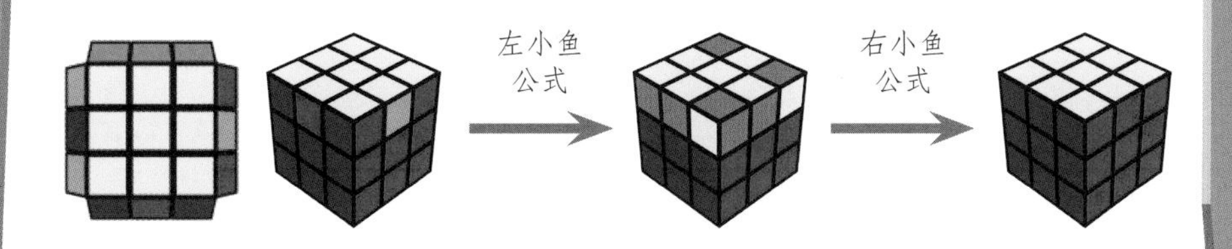

情形3：四棱换1，四棱换指的是四个棱块进行交换后魔方可以复原。

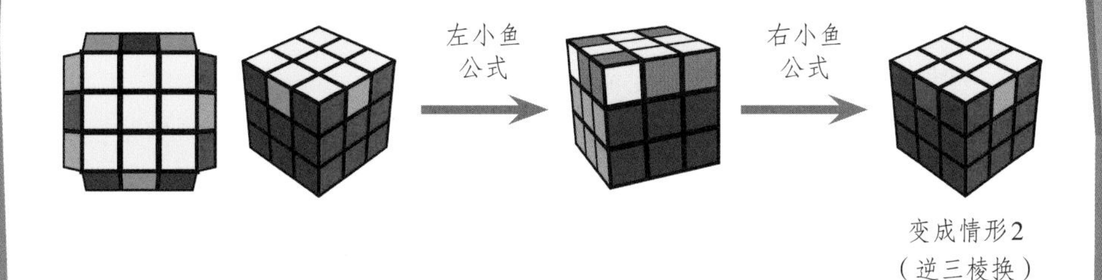

情形4：四棱换2，四棱换指的是四个棱块进行交换后魔方可以复原。

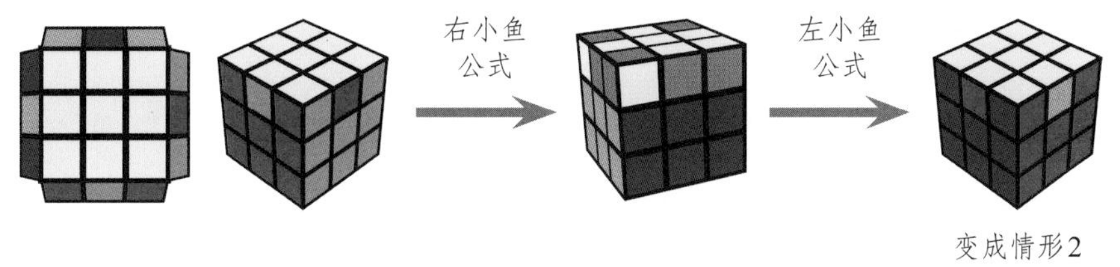

变成情形2
（逆三棱换）

敲黑板

- 层先法复原的最后一步是将顶层棱块归位。
- 当顶棱呈现三棱换形态时，用顺三棱换或逆三棱换进行归位复原。
- 当所有顶棱都错位时，可以先用三棱换将一个顶棱复位。

两把锁掉到地上消失了，幻化成了两束光，小灰的项圈上又多了一个徽章：

忽然，方方感觉手中的两把神剑涌入了无穷的力量，只见这两把剑飞至空中，发出耀眼的光芒，待光芒退却后，原先两把月牙形的神剑已经变成了一把金黄的宝剑，这可能就是封魔神剑的最终形态吧。

监狱的大门缓缓打开，老旧的木门发出吱呀吱呀的声音，平添了几分恐怖的气氛。方方一眼就看到了门后被关着的跳跳。小灰和方方快步冲进大门，只听见“咚”的一声。木门瞬间关闭了。跳跳不见了，取而代之的是魔王狰狞的脸，监狱里回荡着魔王的笑声：“哈哈哈，方方，你上当了，那只松鼠只不过是我用的幻象术罢了，现在你逃不掉了，让我彻底打垮你，成为莫里克世界唯一的主人吧。哈哈哈！”

方方和魔王的最终对决，终于来了。

练习题

1. 本课介绍的三棱换解法是利用小鱼公式完成的。三棱换还有其他的解法，下面的练习题使用了另一个三棱换解法：RUR'U'/L'U'LU/URU'R'/U'L'UL。

   请回答下面的问题：

   （1）在图上标出参与了三棱换的三个棱块。

（2）这三个棱的旋转方向是顺时针还是逆时针？

2. 在做顶棱归位的时候，如果发现除了白、黄面之外没有复原的面，以下做法正确的是？（　　）

A. 打乱重做

B. 做捉迷藏公式

C. 将黄色面朝上摆放做左小鱼或右小鱼

D. 不存在这样的情况

第10章

魔方少年

写给你的魔方课程

最后的战役

魔方除了复原，还可以拼搭图案。

眼前的魔王头上的犄角直冲天空，眉眼倒竖，目露凶光，一对獠牙，一身黑绿斗篷，魔王仰头狞笑，阵阵寒意向方方涌来。

面对魔王，方方用力握着神剑的手有些发抖，深深吸了一口气，方方做出迎战的姿势。此时的魔王却翻翻眼皮，嘴角一撇，露出一声冷笑："哼，封魔神剑？臭小子，你以为就凭这把破剑就能伤我毫分吗？"

方方涨红了脸，尽力控制自己的手不颤抖，回应道："那就试试吧！"说罢，方方将神剑抛向空中，掏出卡卡，快速翻拧，发起进攻。从翅膀型到坦克型，神剑在魔王身边翻飞。可是，每次的进攻都似乎在给魔王"挠痒痒"。他感到纳闷："为什么封魔神剑的攻击不起作用呢？"

"玩够了吗？小子！"魔王轻蔑地看着方方，说道："接下来轮到我了。"说罢，魔王将斗篷一甩，转动魔方戒指，一股黑旋风向方方袭来，方方几乎睁不开眼，手却不敢停下来，黑旋风裹着神剑在空中纠缠，方方有些乱了分寸，神剑忽上忽下，近不得魔王半寸，方方有些急了，突然"嗖"的一声，黑旋风调转了方向，将方方和神剑击飞数米开外。魔王哈哈大笑："臭小子，戏弄你几下，你就招架不住了，打败你如同捏死一只蚂蚁一样简单，老降魔者来了也不是我的对手，现在，就凭你一个乳臭未干的臭小子，还想打败我，省点力气吧！"

"怎么办？"方方急得喊了出来，操作卡卡的双手不由地颤抖，频繁出错，突然，传来一个声音："方方，不要慌张，沉住气。"是天神爷爷的声音，"要发挥封魔神剑的强大威力，必须将所学的本领衔接起来，从第一步开始复原魔方，招式越连贯流畅，神剑的威力越大，孩子，要相信自己，你就是拯救莫里克世界的英雄。"方方深吸一口气，说道："天神爷爷，我明白了。"

方方冷静下来，从头回忆自己的所学，尽可能连续发招。随着转动卡卡速度的加快，方方感到体内的力量也在加强，扭转完最后一步，突然一股力量从方方体内喷涌而出，只见封魔神剑在魔王周围上下翻飞，踪迹变幻莫测，魔王不以为然，一转身，神剑的剑锋擦过魔王的脸颊。血往下滴落，魔王恼羞成怒，摸着伤口，厉声道："臭小子，我本想饶你一命，陪你玩玩，是你逼我认真的!"

说完，魔王一声怒吼，监狱外狂风阵阵，魔王迅速旋转黑魔戒指，黑旋风像道道闪电向方方袭过来，方方仗剑全力抵抗，"咔"的一声，神剑裂了，方方被弹到空中，几个翻滚后重重摔在地上，不省人事。魔王纵身一跃，一脚踏在从方方手中滚落的卡卡上，将其踩得粉碎。转过身，魔王向方方走来，抬起他鹰爪般的手，打算结果方方的性命。

突然，一声断喝："住手!"天神出现了。魔王一声冷笑："哼!老头，终于把你引来了，今天你就陪这小子一起留在这个监狱中吧。"说完转动黑色魔戒，发射出几道光束打向天神，天神挥舞权杖和魔王展开了一场撕杀。

昏迷中的方方慢慢睁开了双眼，他看到了向日葵花海和爷爷的背影。

"爷爷是你吗?魔王把我的剑毁了，我该怎么办?没了神剑，我怎么打败魔王?"

爷爷转过身来，温柔地说："孩子，每个人都有一把属于自己的神剑，只要你发自内心地热爱魔方，你就会有一把专属于你的'神剑'。对魔方的热爱有多深，神剑的威力就会有多大。"

"热爱魔方的心?"方方低声重复，他想起学魔方的点点滴滴：第一次复原魔方的喜悦，和爷爷一起比赛的兴奋，玩转魔方带来的成就感……回忆带给方方无穷的力量，忽然方方发现自己手中出现了一个魔方，这个魔方散发着光芒，每转动一步方方都觉得自己体内的能量又强了几分。当转完最后一步时，他的背后出现了一把新的宝剑，比起封魔神剑，这把宝剑发出的光芒更加闪耀。方方兴奋地叫道："爷爷说得没错。只要有一颗热爱魔方的心，每个人都有一把属于自己的'神剑'。"

忽然爷爷和向日葵公园消失了，眼前魔王和天神正展开殊死搏斗，让方方吃惊的是刚才那把闪闪发光的利剑和魔方居然出现在自己的手中。魔王频繁地转动魔戒，突然股股黑旋风裹着一个光球，直奔天神而来，天神措手不及被击倒在地。魔王见状，冷笑道："结束了老头，莫里克世界永远是我的了。”说完，魔王伸出魔爪掐住了天神的脖颈。

“接招吧！魔王，看我的光影神剑。”只见一阵凌厉的剑光向魔王飞去，魔王猝不及防，电光火石间利剑劈断了魔王的四根手指，魔王面目狰狞，发出怒吼：“臭小子，管你用的是封魔神剑还是光影神剑！今天你和这老头的下场都一样。”剧痛中，魔王扭头看到方方站在远方，双目微闭，全身闪着光芒。一把巨大的光影神剑飞腾在空中，在方方意念的控制之下，向魔王袭来。

在一旁的小灰说道：“哼！一个人的力量可能打不败你，成千上万个人的力量一定可以把你打败。”说完，它对着天空喊道：“现实世界热爱魔方的小伙伴们，大家一起转动魔方，把你们对魔方的热爱展现出来，用你们手中的‘神剑’，和方方一起打败魔王，共同守护莫里克世界吧！”

听到小灰的招唤，大家热血沸腾，纷纷转动手中的魔方，只见一道道光束从小灰的项圈中射出，注入了方方的体内，方方变身了，变成了一位身披金色铠甲的魔方战士。

化身魔方战士的方方，将所有人的能量汇聚在剑尖，挥舞着光影神剑冲向魔王，魔王嘶吼道："别做梦了，你是无法战胜我的。"说罢，挥起斗篷用尽全身力量向方方打出黑色光束，两道光束撞在一起，发出巨大的轰响，一时间烟雾弥漫，看不清你我。待烟雾退却，只见魔王已经跪倒在地上无法动弹。

"觉悟吧，魔王，你个人的能力再强，也敌不过千千万万个热爱魔方人的心，我可能打不过你，但是，所有人的力量汇聚在此，你是无法战胜我们的，我要把你封印起来，让你再也无法破坏莫里克世界。"说完，方方将神剑扔至魔王头顶，神剑逐渐幻化成巨型魔方，将魔王彻底封锁。

"我们赢了！天神爷爷，小灰，我们赢了！我们战胜了魔王！"方方边喊边向天神爷爷奔去。天神慢慢苏醒过来，激动地流下眼泪："好孩子，谢谢你拯救了莫里克世界，你爷爷一定会为你感到骄傲的！"

"方方，快看外面！"小灰指着窗外。莫里克世界已经不再被黑暗笼罩，黄金海岸在阳光的照耀下变得如此耀眼，枫叶之都的红枫好似燃烧的火焰染红了天际，海洋世界生机勃勃，鱼儿不时地跳出水面嬉戏玩耍，还有郁郁葱葱的热带雨林，以及像挂着红灯笼的橘子群岛。方方不禁感叹："太美了，原来这才是真正的莫里克世界啊！"

"方方，我终于找到你们了！方方转过头，是跳跳。同往常一样，跳跳蹿上方方肩头。看到跳跳安然无恙，方方悬着的心才放下来。

小灰的项圈上又多了一枚徽章，徽章上"合作"两字还闪着光，爷爷的身影出现在光晕里："恭喜方方，你已经正式成为一名魔方战士了，正是因为你对魔方的热爱，才能够打败魔王，拯救莫里克世界。爷爷为你感到骄傲！"

正当大家欢呼雀跃之时，大魔方开始震动，里面传来魔王的声音："方方，你等着！总有一天我会回来的，莫里克之星早晚都是我的！"

方方问天神："天神爷爷，我担心魔王早晚会从大魔方里出来，怎么办呢？"天神笑了，"孩子，别担心。"说完，天神用权杖轻轻点了小灰项圈上的所有徽章，徽章叮当作响，发出缕缕金光，随后，个个徽章幻化成光束将大魔方层层裹住。"方方，放心吧，魔王不会出来的。孩子，你已经是莫里克之星新的降魔者了，接下来，莫里克世界就靠你来守护了。"天神边说边将手放在方方肩上。

方方满脸疑惑："天神爷爷，我不能一直待在这里，我还要回去上学呢！"还没等天神说话，光晕里的爷爷忍不住笑了，"别担心，孩子，接下来，我教你搭建魔方穿越门，用你的光影魔方拼出这个图案，你就可以在地球和莫里克之星来回穿梭了。"

天神也笑了："只要你能完成老降魔者给你的任务，我就给你的新魔方注入神力，这样，我们之间就有通讯工具了。"方方听罢，跃跃欲试。

光晕中，爷爷拿出魔方，边操作，边向方方讲解。穿越门是由魔方的红、绿、蓝、橙四个面组成的，每个面上的形状都是十字型。

穿越门搭建完成，瞬间，魔方发出一道神秘的光束，天神按之前的承诺给魔方施加了法力。天神说道："以后我们可以通过魔方交流了，去吧，方方，走进这道光束，就可以回到你爷爷身边了。"

方方走进光束，回过头，不舍地看着天神爷爷、跳跳、码粒，这段莫里克世界大冒险的经历让他收获了友情、自信、勇气……他用力向所有的朋友挥手告别，眼里饱含着泪水："谢谢大家，我会想念你们的，我们以后一定还会再见面的！"

尾声

回到现实世界，方方看到爷爷，激动地扑倒在爷爷的怀里。“爷爷，那个破坏莫里克世界的魔头，被我打败了。”爷爷欣慰地摸了摸方方的头：“方方，我的好孩子，其实我一直在地球关注着你的表现，你的成长让我感到惊讶，我的孙子长大了，爷爷为你感到骄傲。”

方方害羞地挠挠头：“其实，打败魔王不仅仅是我的功劳，还是每一位魔方爱好者的功劳。正是大家对魔方的热爱，我才有力量打败魔王。现在，我是莫里克之星的降魔者了，我的责任更大了。我要继续打磨魔方技艺，提升自己的能力，做好准备，迎接新的挑战。”望着方方坚定的眼神，爷爷欣慰地笑了：“好孙子，未来的道路还很长，让我们一起努力吧！”

加油站

用复原的魔方拼十字图案

要搭建穿越门，首先需要学习如何用复原的魔方拼十字图案。先把魔方的黄色面朝上，红色面朝前，接着开始操作：

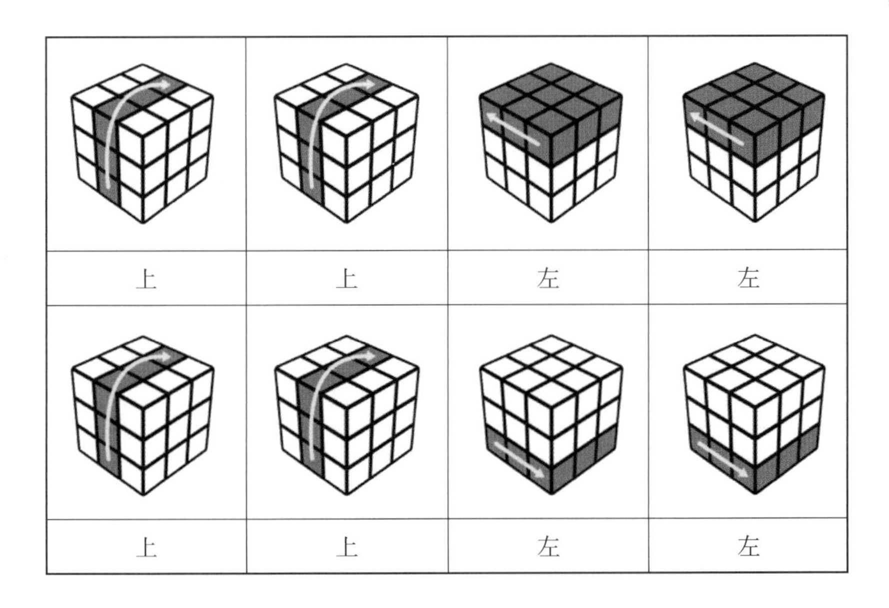

上	上	左	左
上	上	左	左

做完之后，就会出现红色的十字，背面则会出现橙色的十字。

接着把红色十字朝着左手手心，黄色面依旧朝上摆放，再次进行操作。

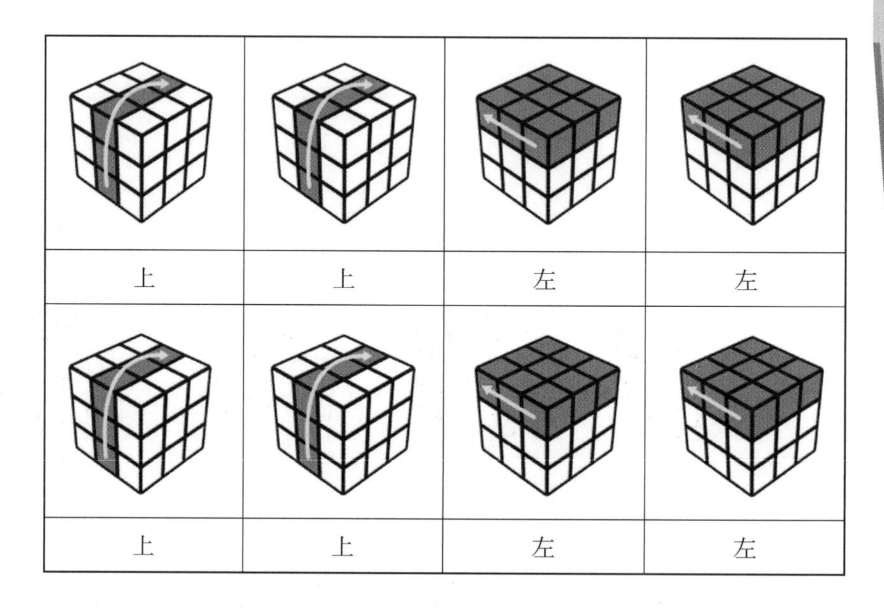

操作完毕，穿越门完成了！

后记

在全书的最后，笔者想简单谈一谈，为什么会写这本书。

仅在魔方发明后的第二年，也就是1978年8月，这个小玩意儿就登上了第18届国际数学家会议（吴鹤龄，《魅力魔方》p6），并引起各国数学家的重视。自此以后，数学家们成了魔方研究的主力军，在国际上很多主要的数学期刊，竞相发表了魔方在组合数学、群论等数学领域的研究论文。你看，哪怕是在代表人类思维顶峰的数学领域，魔方也广受追捧。

本书有三位作者，分别是教育学博士、计算机专家和魔方达人。虽然背景迥异，三位作者却有着共同的愿望，就是找到一种训练思维的好方法。三个大脑，三种思路，碰撞出这样一本与众不同的魔方书。我们有个小小的心愿：孩子们能够因为书中妙趣横生的故事，而对解魔方萌生兴趣，又在钻研魔方解法原理时，真正爱上思考。

众所周知，玩魔方对训练解题能力大有裨益。我们把解魔方问题的过程提取成四个步骤，即理解问题、分析约束条件、拟定解决方案，以及执行解法。熟练掌握这个四步法，能够把学生在魔方上收获的能力迁移到解决其他问题中去。

我们还想知道，魔方高手们有哪些思维特质？在访谈了众多顶级魔方选手后，我们有三点发现。首先，他们思考问题更加严密、全面，习惯从多个角度理解问题。其次，他们追求精益求精，解决问题时总是以最短的时间和最优的算法为目标。第三，他们表现出超强的手、眼、脑协调能力，思维连贯、流畅。我们把这三点归纳为解魔方的三大思想，即整体思想、优化思想和连续思想。

为了检验魔方训练对思维发展的作用，近两年来，我们在上海市的几所中小学开展了课程化的教学研究。教研活动取得了极大的成功。我们想分享上海市长宁区新虹桥小学的优秀实践案例，或许对其他教育者会有启发。笔者与新虹桥小学自2018年联合组建课程研究组，开展魔方校本课程活动。在校长胡静波的全力支持和带动下，新虹桥小学全校近千名学生学魔方，爱魔方，人人争做魔方小达人。根据各阶段学生的特征、学生核心素养目标和拓展探究目标的设定，课研组设计了魔方启蒙、普及学习、以赛促学三个学习阶段的魔方课程体系，分别面向一、二年级、中、高年级和特长学生群体；还以月度和年度为阶段开展“魔方达人挑战赛”、“魔力嘉年华”等校园活动，将比赛形式纳入课程体系。

通过新虹桥小学的课程实践，我们获得了很多宝贵的教育反思。

反思一：转变学生思维方式，培养成长型思维

学生在学习魔方的过程中，会从一开始的“觉得有趣但有点难”，到一点点尝试寻找解决方法，从一次次试错中总结经验，到逐渐形成有逻辑的解决办法。魔方的千变万化要求学生正确地判断和提取学习过的知识方法，真正做到学以致用。同时，魔方的还原过程没有唯一的标准答案，学生可以不断研究新的解决方法。学习魔方的过程就是一个思考、分析、概括、抽象、比较、具体化和系统化的思维过程。经过长期的训练，学生的思维方式和思维能力逐渐得到提高。

反思二：激发学生内在奖赏，增强学生自信品质

无论是校园比赛还是主题活动，学校尽可能为学生提供多样的展示平台。曾经在其他方面没有特长，从未有机会展示自己的学生，在魔方课程中找到了自己的乐趣和优势，而且证明了“我也可以做得很好”。比如四年级的一位同学，平时的学习成绩并不理想，因而在学科学习上没有得到班级的认可。但在魔方课程中，他却展现出过人的优势，最终代表全年级站到主席台上角逐校“魔方小达人”。每次比赛前，他会认真地整理自己的衣着，希望在同学面前呈现一个自信而优秀的自己。“虽然在其他方面我没有别人优秀，但是我也有我的特长和优势。我对自己的认可，比别人的认可更重要。”在魔方的世界中，他找回了自信，发现了自己的精彩。

竞赛中的输赢都是正常的。学生在一次次的竞赛中，能够保持良好的心态，即使成绩不理想也能够保持平常心，这是与自己达成的和解。在一年级一位小同学的身上就体现了这种精神。“魔方达人年度挑战赛”上，月赛成绩突出的他因为小小的失误与年度“魔方达人”失之交臂。但是，

坐在观众席的他还是真诚地为其他同学加油。在新一年的“魔方达人赛”上，他终于拿到了属于他的徽章，这背后一定有他不知多少次的勤学苦练。失败了并不可怕，下一次我们可以重新开始。

反思三：家校共育携手同行，打造校园品牌文化

魔方活动的开展赢得了家长的大力支持和赞许，调动了家长参与的积极性，增强了家长对学校的理解和信任。三年级的一位同学本来是一个腼腆害羞的小男孩。学校开展魔方活动后，他在妈妈的陪伴下，认真完成每一次任务单的要求。勤奋的练习使他在“魔方达人赛”中脱颖而出，成功进入魔方精英队。一次次的认可也让他变得活泼起来，现在的他，已经能够站在全校同学面前担任活动小主持了。他的妈妈感叹到：“没想到我的儿子也能这么自信地展现自己，我为他的改变感到惊喜。”孩子们对于主题式综合实践活动表现出了较高喜爱度、参与度和期盼度，家长们也积极参与和大力支持学校活动，孩子们在活动中收获了快乐、成长、智慧和友

谊，家长们在活动中也深刻理解了学校的培养目标和校园文化。

新虹桥小学的实践活动对本书写作起到了重要的指导作用。在此，我们对胡静波校长的热情帮助表示由衷感谢。

我们还要感谢上海市虹口实验学校的胡培华校长和梅华书记、复旦大学附设幼儿园的彭松园长、上海浦东新区民办更新学校的丁蓉女士，以及前校长范小兵女士。正是在各位校领导的关心支持下，我们的魔方教研实践才能够在幼儿园、小学和中学各个年龄段的学生中全面展开，让我们能够得到更加丰富的学习表现数据。

在本书成稿过程中，季媛成和刘晨曦贡献了很多有价值的想法，并对全书内容进行了校对。杨淑君为本书绘制了精美的人物插图。上海师范大学鲍贤青教授和上海市长宁区教育学院科研室汪龄淞老师，也对教研活动给予了宝贵的指导意见，在此一并表达谢意。

魔方大神访谈

Part1：邱若寒（脚拧亚洲记录保持者，目前从事魔方教学推广）

Q1：魔方对于你的意义是什么？

A1：以前魔方对我的意义就是一个兴趣爱好，慢慢地转变为一个我愿意为之终身奋斗的事业，现在它已经成为我生活中不可缺少的一部分。

Q2：从一个魔方教学、推广者的角度来看，你希望看到魔方未来的发展是怎样的？

A2：我一直希望魔方能够成为一项正式的竞技运动，像象棋、围棋一样得到大力的推广与支持，有一个标准化的管理制度，例如权威的水平考核，更专业的比赛规则。

Q3：从你的教学角度来看，你在普及魔方的过程中，是否会将重心放在教授复原步骤的原理上？

A3：我教魔方一直教原理，很少有死记硬背公式的操作。我觉得这是作为一个合格（魔方）老师的基本要求。盲拧可能不用理解速拧原理，但是三单、脚拧和最少步这类的三阶子项目，最好还是要理解三阶速拧的原理。

Part2：王旭明（四阶魔方、五阶魔方中国记录保持者，目前从事魔方教学推广）

Q1：你认为对三阶魔方原理的理解是否对提速或者深入学习三阶魔方是有必要的呢？如果有用的话，它对哪部分的提升帮助最大呢？

A1：在三阶魔方进阶的过程中，对原理的理解是十分必要的，如果是死记硬背公式往里套的话，那上限会很低，如果想要提升不能太死板。尤其是在CFOP中的C（十字）F（前两层）部分，它是十分灵活的，所以原理尤其重要。

Part3：李宗阳（斜转亚洲记录保持者，bilibili平台up主，兼职魔方培训）

Q1：魔方对于你的意义是什么？

A1：魔方对于我的意义到现在来说我认为分为三个阶段。第一个阶段是最初接触魔方的时候，确实被它复杂的变化数以及高手们眼花缭乱的复原所吸引，慢慢地作为爱好努力练习，希望自己的成绩能够变好。第二个阶段是已经获得一些成绩之后，魔方对于我的意义就是努力练习，让自己的成绩更好，保持一个极佳的竞速状态，守住自己的纪录，并站上高水平领奖台。第三个阶段呢，慢慢地退居幕后，希望能够为这个行业做些什么。或者说能够为后来的孩子们做些什么，助他们一臂之力。一代人终将老去，但总有人正年轻。现在魔方对于我，或者说我对于魔方的意义，就是能够做好一个引路人。

Q2：作为一个魔方从业者，你希望看到未来魔方的发展会是怎样的呢？

作为一个魔方从业者来说，我希望看到未来魔方的发展不应该是一个单一的方向，不应该只是一个竞技体育项目，也不应该只是一个益智玩具，或者还有很多我们没有想到的方向，但它一定是多元化的。在竞速这个方向，我更希望看到一个更加正规化的比赛，增强对抗观赏性以及公平性，我们需要有运动员，需要有观众，而不是像现在这样人人都是运动员，人人都是观众。那么在解谜这个方向，也许随着科技的发展，我们可以创作出很多难度系数极高的puzzles，慢慢地衍生出一些与数学学术上联系紧密的体系等。

Q3：从你的教学角度来看，你在普及魔方的过程中，是否会将重心放在教授复原步骤的原理上？

从教学角度来看，我认为将重心放在教授复原步骤的原理上是非常重要也是必要的，虽然可能这样会有一个较大的弊端（学生在学习魔方的过程中门槛提高），我认为魔方是偏理性的，它不应该是一个仅靠记忆去学习的东西，不去理解的话很多步骤不能够灵活变通，学生的进步绝不可能有一个质的变化。甚至有较大概率会被之前所记忆的公式束缚，更难进步。当然记忆公式也是必要的，我们最开始都是通过模仿加上理解，从而衍生出自己的一套体系。因为只有适合自己的体系才是最好的。

Q4：你认为对三阶魔方原理的理解是否对提速或者深入学习三阶魔方是有必要的呢？如果有用的话，它对哪部分的提升帮助最大呢？

如果想深入学习三阶魔方，我认为理解魔方的原理是非常重要的。对哪个部分提升帮助最大这个问题，我认为不能片面地来看。如果你的复原体系是CFOP，那么提升帮助最大的是F2L，当然也不仅仅是F2L、OLL和PLL以及很多进阶的公式，我们仔细看不难看出，很多情况也都是各种F2L的叠加状态。如果复原体系是ROUX，那么做前面的两个1*2*3的Block，理解原理的必要性非常大，因为块构筑是靠理解的。很多用于最少步的复原体系，我认为理解原理也都是非常有必要的。

Part4：张安宇（六阶、七阶中国记录保持者，毕业于中山大学）

Q1：魔方对于你的意义是什么？

魔方是我生活中不可缺少的一部分，它给我带来了朋友，也给我带来了利益。

Q2：你希望魔方未来的走向会是怎样的？

希望魔方教学机构在教学的同时可以不忘初心，培养出水平顶尖的一代。

Q3：当初选择高阶的时候，受到哪些三阶部分原理的启发？

手法方面，我是三阶和高阶相互影响、相互促进；解法方面，高阶有一些解法上的复原理念和三阶类似。

Part5：王旖（金字塔魔方亚洲冠军，从事魔方教学推广工作）

Q1：当时是因为什么促使你走上了魔方教学这条路呢？

A1：在我大学期间，有一些机构来找我录一些视频教程，此后为了赚一些零花钱，我也去学生家做一些魔方课的家教，渐渐地就走上了魔方教学的这条路了。

Q2：作为一个魔方从业者，你对魔方未来的发展是怎么看？

A2：未来肯定是小朋友的天下，现在竞速运动的冠军的年龄也是越来越小了，作为我们从事魔方教学的人，我们的工作可能比较多是辅助工作，让他们成为更快更强的高手。

Q3：从你的教学经验来看，在从最基础的层先法开始就引入对步骤原理的分析是否会对学生深入学习魔方有帮助，在你的教学中，是否会着重加强魔方原理的介绍呢？

A3：我认为在十字部分，例如小花这些可以介绍一些原理，但是对于一些初步认识魔方的人来说，可以不用一上来就给他们解释原理，因为对于他们来说他们得到还原的成就感后，会对他们兴趣的培养更加有利，如果一上来就灌输他们原理的知识可能会让他们失去兴趣，原理部分很重要，它需要讲，但是不用在一开始就讲。

魔方知识与技能一览表

章　节	学　习　目　标	概念与原理
第1课：基本结构	✓ 能描述三阶魔方的基本结构 ✓ 能解释层先法还原的游戏策略	• 三阶魔方基本结构 • 魔方块的状态属性
第2课：基本操作	✓ 能使用颜色，快速判断给定坐标系下的魔方状态 ✓ 能熟记魔方旋转操作的字母标记法	• 层旋转 • 坐标系
第3课：底棱复原	✓ 能判定两个块之间的直达关系 ✓ 能辨识棱块的色向 ✓ 能复原单个面的全部棱块	• 直达层 • 棱块的色向
第4课：底角复原	✓ 能运用四步法分析和解决魔方问题 ✓ 能按需完成角块翻色 ✓ 能复原底层角块	• “槽”思想
第5课：中棱复原	✓ 能运用反向研究策略分析问题 ✓ 能使用字母标记魔方的转体 ✓ 能按需完成棱块翻色 ✓ 能复原中层棱块	
第6课：顶棱翻色	✓ 能按照魔方公式进行旋转操作 ✓ 能辨识公式中的脚手架设计 ✓ 通过设计实验，对可能解法进行检验 ✓ 能复原顶层棱块	• 魔方公式 • 脚手架（setup/reverse）
第7课：顶角矫正	✓ 能辨识角块的色向 ✓ 掌握解析公式的方法 ✓ 能设计顶角翻色的策略	• 角块的色向 • 公式解析
第8课：顶角归位	✓ 能验证公式是否是转换机 ✓ 能辨识转换机中的缓冲块 ✓ 能将顶层角块归位	• 转换机 / 三循环 • 缓冲块
第9课：顶棱归位	✓ 能理解三棱换公式原理 ✓ 能将顶层棱块归位	

策略和方法	操作技能
• 面与块的颜色命名规则 • 层先法的游戏策略	• 记忆六面颜色和相对位置
• 旋转操作的标记法 • 色块的优先级	• 分辨层的顺、逆旋转 • 熟练使用魔方标记法
• 三原则之整体原则	• 情形判断 • 分辨左右直达层
• 四步法 • 乾坤挪移术 • 角块的翻色 • 三原则之优化原则	• 多块观察 • 目标角块的预判 • 左右手指法连贯衔接
• 转体操作的标记法 • 反向研究策略 • 棱块的翻色	• 定位中判断消步 • 目标棱块的预判
• 实验方法	• 公式的衔接
• 小鱼公式	• 熟练掌握双手小鱼公式手法 • 快速判断顶层基本情形（OLL）
• 三角换	• 熟练掌握三角换公式手法
• 三棱换	

练习题参考答案

第1章

1. 26。解答：三阶魔方的中心是空的，它由26个大小相同的小正方块组成。

2. 8。见下图。魔方还有一个角，没有在图中画出。

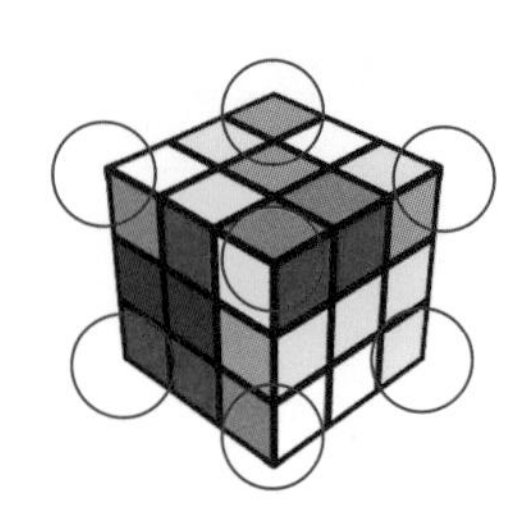

3. 绿。

4. 1、2、1。

第2章

1. 橙、绿、黄。

2. 见下图。

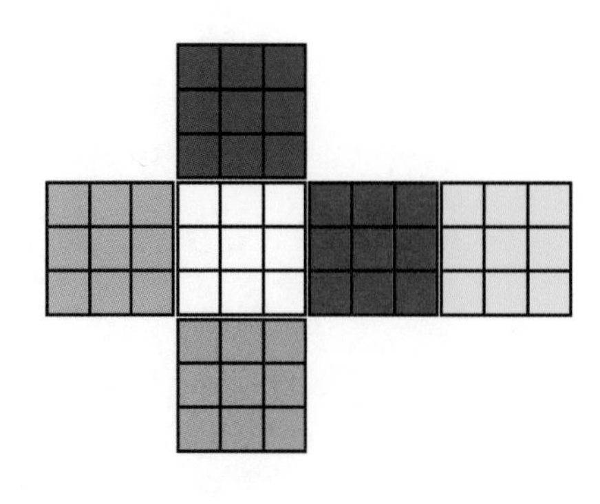

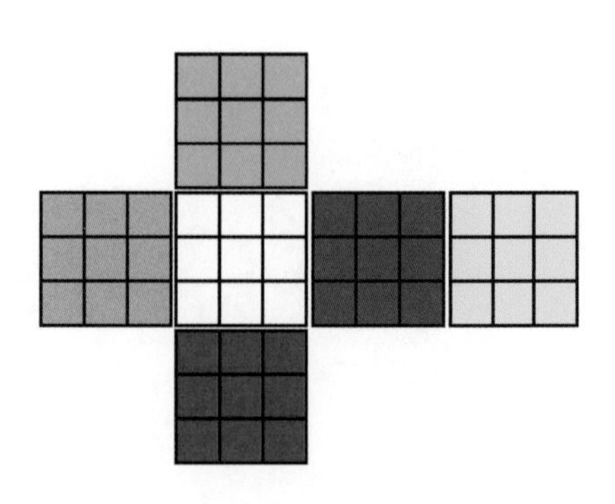

3. 顺。

4. D′、L′B′、F′U′R′。

5. URU′R′。

第3章

1. F、R。

2. 对。

3. ① C、D；② A、B。解答：当棱块的白色块在中层或底面时，可以垂直转动它所在的层，送它直达顶面，故选C、D；A、B选项中，白色块在侧面，需要让它先转到中层，再从那里前往顶面。

第4章

1. A。

2. 情形⑤。先做两遍右手乾坤挪移（URU′R′）2，调整顶角色向，变成情形①。再做一遍右手乾坤挪移，将顶角复原。

3. 跳跳将白蓝红块错送到白橙蓝的位置。需要通过三个步骤纠正它的错误。

（1）将白蓝红移至顶层：RUR′。

（2）将白蓝红块定位：U′2y。

（3）将白蓝红块归位：URU′R′。

上面的（2）、（3）两步可以被消步，最终合并成：U′yRU′R′。

第5章

1. 右、左、右、左。

2.（a）见右图。

（b）可以通过三步解决问题。

（1）连续做右手乾坤挪移和左手乾坤挪移，将蓝红块移到顶层。

（2）将蓝红块定位：U2。

（3）再次连续做右手乾坤挪移和左手乾坤挪移，将蓝红块归位。

3. A、C。

第6章

1. D。解答：A、B选项中都是情形“拐”，在魔方复原过程中不会出现前两层复原完毕，顶面黄色棱块的个数是奇数的情况，所以C选项也错误。

2. 错。正常的三阶魔方，在矫正顶棱时，不会出现前两层复原，但顶面黄色棱块的个数为奇数的情况。

3. fURU′R′f′。当顶层遇到一字型时，使用新公式会直接在顶面做出十字型。

第7章

1. 坦克、左小鱼、坦克、左小鱼。

2.（a）将左侧面朝前摆放（y′），（b）做右小鱼公式。

3. A、C。

第8章

1. A。

2.

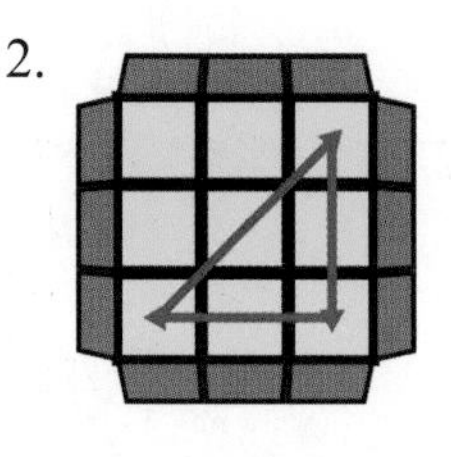

第9章

1.（1）

（2）逆时针。

2. C。

第10章

（无）

图书在版编目（CIP）数据

魔方少年：写给你的魔方课程 / 码粒教育研究院著
.—上海：华东师范大学出版社，2021
ISBN 978-7-5760-1511-9

Ⅰ.①魔… Ⅱ.①码… Ⅲ.①幻方—少儿读物 Ⅳ.
① O157-49

中国版本图书馆CIP数据核字（2021）第099870号

魔方少年：写给你的魔方课程

著　　者　码粒教育研究院
责任编辑　刘　佳
特约审读　刘诗意
责任校对　时东明　黄欣怡
绘　　图　杨淑君
装帧设计　刘怡霖

出版发行　华东师范大学出版社
社　　址　上海市中山北路3663号　邮编 200062
网　　址　www.ecnupress.com.cn
电　　话　021－60821666　行政传真 021－62572105
客服电话　021－62865537　门市（邮购）电话 021－62869887
地　　址　上海市中山北路3663号华东师范大学校内先锋路口
网　　店　http：//hdsdcbs.tmall.com/

印 刷 者　上海昌鑫龙印务有限公司
开　　本　787×1092　16开
印　　张　8
字　　数　117千字
版　　次　2021年8月第1版
印　　次　2021年8月第1次
书　　号　ISBN 978－7－5760－1511－9
定　　价　68.00元

出 版 人　王　焰

（如发现本版图书有印订质量问题，请寄回本社客服中心调换或电话021—62865537联系）